MW01469959

Francisca Chimaggi

Facilitado a
Orlando Maggi G.
09-3429667
3260393/4757074

A LA SOMBRA DEL ASOMBRO

FRANCISCO CLARO HUNEEUS

A LA SOMBRA DEL ASOMBRO
El mundo visto por la física

EDITORIAL ANDRES BELLO
Barcelona • Buenos Aires • México D.F. • Santiago de Chile

Ninguna parte de esta publicación, incluido el diseño de la cubierta, puede ser reproducida, almacenada o transmitida en manera alguna ni por ningún medio, ya sea eléctrico, químico, mecánico, óptico, de grabación o de fotocopia, sin permiso previo del editor.

© FRANCISCO CLARO HUNEEUS

© EDITORIAL ANDRES BELLO
Av. Ricardo Lyon 946, Santiago de Chile

Derechos exclusivos

Registro de Propiedad Intelectual
Inscripción Nº 94.834, año 1995
Santiago - Chile

Se terminó de imprimir esta primera edición
de 4.000 ejemplares en el mes de diciembre de 1995

IMPRESORES: Alfabeta

IMPRESO EN CHILE/PRINTED IN CHILE

ISBN 956-13-1370-7

*A Isabel, Alejandra,
Magdalena y Sebastián*

CONTENIDO

Prefacio   11

Capítulo 1 : DIVERSIDAD   17

Capítulo 2 : LO MAS PEQUEÑO   39

Capítulo 3 : EL PEGAMENTO   63

Capítulo 4 : ARMANDO EL ATOMO   111

Capítulo 5 : LO GRANDE   143

Capítulo 6 : LO MAS GRANDE   177

PREFACIO

En una de esas inolvidables correrías en bicicleta por las colinas de Algarrobo, localidad cercana a Santiago, le pregunté a un buen amigo que suele acompañarme, "si leyeras un libro de física, ¿qué debería contener?". Desde hacía algún tiempo me interesaba el tema y quería una opinión. Pensaba yo que me diría "el rayo láser" o "el átomo" o quizás, "el big bang". Reflexionó un momento y luego me dijo, "Mira, lo primero sería que explicaras *qué es la física*". Su respuesta me dejó completamente descolocado. ¿Cómo se pueden escribir 200 páginas para explicar qué es la física? No soy filósofo. Además, soy de pocas palabras y me siento más cómodo con las matemáticas que con el lenguaje. ¿Qué hacer?

En andanzas posteriores hice varios intentos por conversarle de distintos temas de la física, buscando diferentes enfoques, diferentes ejemplos, diferentes estilos, siempre tratando de interesarlo y observando sus reacciones. La tarea era ardua porque notaba que las mismas palabras lo echaban todo a perder. Son a menudo tan técnicas y a más de alguno le traen malos recuerdos de la época de estudiante cuando quizás "odiaba la física" o era un suplicio enfrentarse con un problema de presión en gases. Recuerdo a mi sobrina Paz estudiando con su amiga Vesna para un examen y memorizando la ley de Boyle diciéndose mil veces, "Paz y Vesna No Tienen Remedio" (la ley se escribe $pV=nTR$).

Por esos días el encuentro casual con un amigo y colega de trabajo en la universidad, me obligó a aterrizar la inquietud. "Escribe un libro que pueda entender cualquiera", me propuso. Además de mis cursos especializados habituales, llevaba yo ya algún tiempo dando esporádicas conferencias para no especialistas. También, aparte de mis escritos técnicos, tenía uno que otro artículo en revistas de divulgación. Sentí entonces que mi amigo me lanzaba el desafío de realizar un esfuerzo más substancial y global, y no pude resistir la tentación de enfrentarlo. Este libro es el producto de haber caído en esa tentación.

Al escribirlo, parto de la base que todos nos hacemos preguntas. Supongo que el asombro ante la belleza natural ha marcado momentos de nuestras vidas. Imagino que algunos se han detenido ante la experiencia para reflexionar y buscar explicaciones. Pienso que unos y otros sólo nos diferenciamos en la atención que prestamos a nuestros "¿por qué?", en el tiempo que le dedicamos a su estudio y al intento de convertirlos en "Porque...". Pero todos, alguna vez, nos hemos preguntado qué es lo más pequeño que existe, cómo funciona el láser, o por qué el Sol calienta. Mi intención es tocar esas preguntas y darles un poco de tiempo a través de la lectura. Es que nos detengamos unos minutos *a la sombra del asombro.*

Tratando de complacer a mi compañero de paseos en Algarrobo y los que, como él, quisieran saber qué es la física, procuro mostrarlo sin decirle al lector que le hablo de esta rama de la ciencia para que sus prejuicios no lo estorben. Sin embargo, mi esperanza es que una lectura completa del libro muestre un panorama de la manera como los físicos interpretamos hoy el mundo. Tenemos una manera de ver las cosas influida por largos años de estudio, en que se combinan las matemáticas y la reflexión sobre la naturaleza. Es una mentalidad especial, entrenada en el uso de una mezcla de intuición imaginativa y rigor intelectual. Cuando observo algo que no entiendo, tengo la tendencia natural a buscarle una explicación inmediata. Los conocimientos de matemáticas y de física acuden entonces en mi ayuda y llenan una especie de caja de herramientas a mi lado para construir la teoría. A veces no sirven demasiado, pero suelen también ayudar. Si lograra en estas páginas transmitir algo de esa manera de pensar, me sentiría contento. Quizás el mundo material no sea como lo vemos. Pero hasta la fecha nadie ha encontrado una manera mejor de entenderlo y por eso vale la pena conocer algo del lenguaje y de los conceptos que dominan la física de hoy.

El ideal sería tener una varita mágica que despertara inquietudes y preguntas dormidas. Pero sé que cuesta mantener la atención del lector en estos temas, y me siento obligado a pedirle que acepte explicaciones algo áridas a veces, o un vocabulario nuevo que necesito ir desarrollando para que nos podamos comunicar. Lo que aquí presento es un panorama global, como un rápido paseo guiado por un museo, sin detenerse demasiado en ningún cuadro en particular. He incluido tópicos que no se encuentran en libros similares, y dejado fuera otros que ya están demasiado cubiertos. Para ilustrar conceptos a menudo menciono números, los cuales deben entenderse siempre como cifras aproximadas solamente. Aparte de informar, ojalá estas líneas estimulen la reflexión en torno a la experiencia diaria con las cosas que nos rodean. El mundo es extraordinariamente diverso y el comportamiento de las cosas nos deja a menudo perplejos. ¿Cómo no observarlo, cómo no detenerse ante tanta belleza, unidad, armonía? Ignorarlo es como jamás haber leído un libro o escuchado música. Se puede sobrevivir así, pero se pierde demasiada riqueza y satisfacción espiritual. Como el paseo que presento es necesariamente breve, para quien desee adentrarse más en algún tema he incluido una bibliografía que se encuentra al final del libro.

Cuando le conté a un visitante alemán que planeaba hacer un libro sobre *toda* la física, me preguntó en cuánto tiempo lo iba a escribir. Le dije que en cinco meses, a lo que respondió "serán cinco años". Me imaginé entonces a

Mozart escribiendo la Flauta Mágica en diez días, y luego pensé cuán distante estoy yo de ser un Mozart, de escribir a toda velocidad sin cometer errores, de producir algo genial... Qué depresión. Traté de zafarme con todas las argucias imaginables, pero siempre mi interior dijo ¡No!, hay que hacerlo. Y rápido. El desafío ya lo había aceptado y tenía que cumplir. Me puse un horario de trabajo en las mañanas y poco a poco, golpe a golpe, fueron saliendo palabras, ideas, conceptos. El resultado no es una pequeña serenata diurna ni nada que se le parezca, pero ha quedado el tema cubierto.

Este libro ha sido posible gracias al apoyo constante y comprensivo de mi esposa Isabel, de mis hijas Alejandra y Magdalena, y de mi hijo Sebastián. Cada uno me entregó algo valioso a su manera, que aprecio infinitamente.

Agradezco también en forma especial a Bruno Philippi por empujarme a esta aventura, a Carlos Friedli por abrirme los cofres de su informadísimo e inagotable intelecto, a Jorge Alfaro y Hernán Quintana por corregirme en áreas en que saben muchísimo más que yo, a Gisela Hertling por leer pacientemente cada palabra del manuscrito (y sugerirme sin cuenta correcciones), a Silvia Urnía por censurar algunas alusiones sarcásticas a la astrología en las primeras versiones de este escrito.

También expreso mi gratitud a Zdenka Barticevic, Cecilia García Huidobro, Juan Antonio Guzmán, Douglas Hofstadter, Leopoldo Infante, Marcelo Loewe, Nicolás Majluf, Karl von Meÿenn, Mónica Pacheco, Jorge Ossandón, Julio Retamal, Arturo Reyes, Carlos Rivera Cruchaga, Cristóbal Sánchez, quienes contribuyeron de una u otra manera a lo bueno que pueda contener este libro. Lo malo, es de mi entera responsabilidad.

Finalmente un agradecimiento especial al equipo de Editorial Andrés Bello por su interés en este intento por responder al desafío que el propio Andrés Bello planteara hace ciento cincuenta años al decir en un discurso, *Nada hace más desabrida la enseñanza que las abstracciones.* Un agradecimiento especial también a la Empresa CHILGENER por su importante estímulo y aporte al financiamiento de esta aventura.

CAPITULO 1
DIVERSIDAD

Sentado frente a la ventana, observo el pequeño jardín asoleado, con su terraza en sombra. Veo las sillas blancas de plástico, los maceteros de arcilla rojos, el patio de cemento, la pelota de fútbol, de cuero, en un rincón; veo las hojas de los más variados verdes en los árboles. Veo el cielo azul y el agua de la manguera que lo salpica todo. En este momento, un sorprendente picaflor, inmóvil, sostenido sólo por la invisible esfera de su veloz aleteo, extrae ávidamente el néctar de un abutilón. Veo los cables de electricidad en la calle, el metal de la reja en la ventana, la lámpara de bronce de mi abuela sobre un extremo de la antigua mesa en que trabajo, el cuaderno de papel a mi lado, el procesador de palabras en que escribo, mis dedos que se mueven sobre su teclado. Me veo a mí mismo *viendo* y me pregunto ¿cómo es todo ello posible? ¿Por qué tanta diversidad?

Estas simples preguntas, y otras como ellas, han acompañado a las culturas desde sus inicios y surgen en la mente de cada ser humano muchas veces a lo largo de su vida. Todos han buscado respuestas, aunque algunos en forma más dedicada que otros.

Un ejemplo de esta actitud, rico en anécdotas, personajes y descubrimientos, lo provee la historia de la astronomía, esa antigua práctica de abrir una ventana del intelecto hacia lo más grande, hacia aquello que siempre ha fascinado y sobrecogido al ser humano: el cielo. Es también el origen del largo peregrinaje seguido por las culturas más antiguas en el sendero de las preguntas.

Allá arriba...

El asombro ante lo que vemos al mirar hacia arriba es tan antiguo como la humanidad. El Sol, las estrellas fijas y las fugaces, la Luna y sus fases, los cometas, los eclipses, el movimiento de los planetas en el cielo, despertaron siempre admiración, curiosidad y temor. Lo atestiguan silenciosos monumentos de épocas remotas como Stonehenge en Inglaterra, Chichén Itzá en México, Angkor Vat en Camboya, los Mohai en Isla de Pascua, Abu Simbel en Egipto.

Desde tiempos remotos las civilizaciones sobre la Tierra tuvieron cada una su propia visión del cosmos. El Inca se consideraba descendiente del dios Sol. Para los aztecas el joven guerrero Huitzilopochtli, símbolo del astro rey, amanecía cada mañana con un dardo de luz combatiendo a sus hermanos, las estrellas, y a su hermana, la Luna, para que se retirasen y así imponer su reinado diurno. Moría en el crepúsculo para volver a la madre Tierra, donde renovaba su fuerza a fin de enfrentar un nuevo ciclo el día siguiente.

Para las tribus primitivas de la India, la Tierra era una enorme bandeja de té que reposaba sobre tres inmensos elefantes, los que a su vez estaban sobre la caparazón de una tortuga gigante. Para los antiguos egipcios el cielo era una versión etérea del Nilo, por el cual el dios Ra (el Sol) navegaba de Este a Oeste cada día, retornando a su punto de partida a través de los abismos subterráneos donde moran los muertos; los eclipses eran provocados por ataques de una serpiente a la embarcación de Ra. Para los babilonios la Tierra era una gran montaña hueca semisumergida en los océanos, bajo los cuales moran los muertos. Sobre la Tierra estaba el firmamento, la bóveda majestuosa del cielo, que dividía las aguas del más allá de las que nos rodean.

El astro rey, el Sol, nos ilumina y nos calienta de día. La Luna alumbra la noche. Los planetas se mueven lentamente sobre el fondo inmutable de las estrellas, describiendo trayectorias aparentemente circulares. El ritmo de las estaciones nos trae los coloridos cambiantes de las flores y las hojas de los árboles, e impone a las siembras que nos alimentan el rigor implacable de sus ciclos. Produce la migración de los pájaros y la aparición o desaparición de insectos y otros animales. El ciclo diario despierta a gallos, lechuzas y murciélagos en diferentes horarios. La regularidad de las fases lunares es la de las mareas y coincide sugerentemente con la del período menstrual femenino. ¿Cómo no fascinarse ante todo esto?

El sobrecogimiento que produce el espectáculo celestial en una noche clara y transparente, lejos de las luces de la ciudad, ciertamente incita a la reflexión y hace surgir una multitud de preguntas, como ¿hasta qué distancias hay estrellas? o ¿habrá por allí algún otro planeta habitado? o ¿las estrellas se mueven o están fijas en el cielo? o ¿para qué tanta cosa cuando a nosotros nos basta para existir el sistema solar? etc. Miles de preguntas, algunas ingenuas y otras muy serias, que uno quisiera contestar, y que han despertado el interés de tantos por el estudio del cielo.

Aunque las preguntas nacidas de la curiosidad natural guiaron la búsqueda, también hubo siempre fines prácticos tras el afán por conocer mejor qué es todo aquello y cómo funciona. Penetrar los secretos del cielo constituyó, desde las primeras civilizaciones, una importante fuente de poder. La navegación orientada por las estrellas dio ventajas en la guerra sobre las aguas, mientras la agricultura apoyada en el conocimiento de los ciclos naturales permitió una mejor subsistencia en la Tierra. El selecto grupo de personas que tuvo alcance a estos secretos fue venerado por las sociedades primitivas, fue el protegido de los jefes de las tribus y, posteriormente, de los príncipes y de los reyes.

La conjunción de diversas motivaciones hizo entonces al ser humano escudriñar el cielo desde los albores de la civilización. Fundada en actitudes centrales a su ser, nació así la astronomía, ese fruto de la paciente contemplación del cielo y de un acucioso registro y análisis de lo que allí ocurre. Los avances fueron sostenidos, aunque lentos al principio. Hace cinco mil años la gente de Mesopotamia ya reconocía una serie de constelaciones, a fuerza de mirar e imaginarse formas de objetos y animales. Las constelaciones son grupos de estrellas que, al unirlas con trazos imaginarios, forman figuras en el cielo. Los antiguos dieron nombres de animales a estas agrupaciones. Por ejemplo, a una llamaron "león" (actual Leo).

Las inundaciones del Nilo en Egipto se asociaban con la aparición antes del amanecer de la estrella Sirio, el quinto astro en luminosidad en el cielo después del Sol, la Luna, Venus y Júpiter. Su estudio llevó a concluir que el año dura unas seis horas más que 365 días (la cifra correcta incluye cuarenta minutos adicionales). De esta observación surgió también la invención del primer calendario de 365 días.

Por su parte, la civilización Maya, habitante de la península de Yucatán y partes de las actuales Guatemala y Honduras, consiguió un desarrollo comparable con la astronomía. Lo prueba su famoso calendario, elaborado hace por lo menos veinte siglos, que se basó en un ingenioso estudio de los desplazamientos de la Luna y la Gran Estrella noh ek (Venus) respecto del Sol. El año de esta cultura difiere del actual en menos de cinco minutos, en tanto que el calendario romano, de la misma época, se equivoca en unos once minutos al año.

Los rizos de Ptolomeo

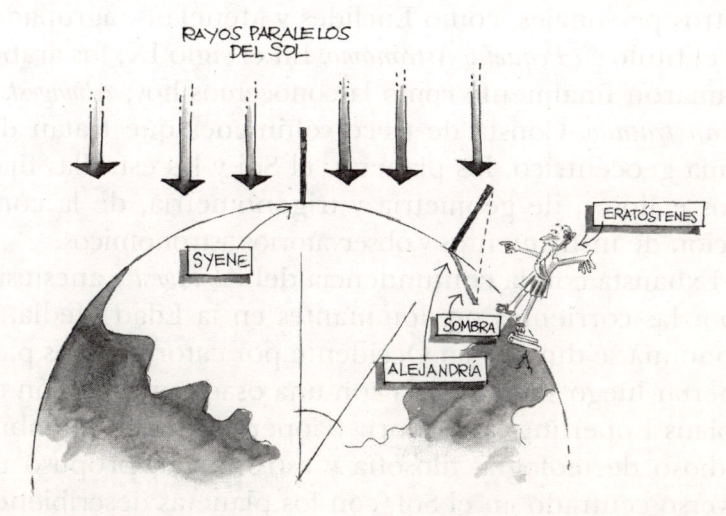

En Grecia ya se sabía bastante de astronomía algunos siglos antes de Cristo. No sabemos cuán difundido y aceptado era este conocimiento, pues en el siglo tercero fue destruida la legendaria biblioteca del museo de Alejandría, lugar donde se guardaban preciosos documentos de la Antigüedad. Dicen que alrededor del año 280 antes de Cristo, Aristarco de Samos escribió que la Tierra era un cuerpo esférico que, como los demás planetas, giraba en torno al Sol y en torno a sí mismo. Tal como hoy sabemos. Por la misma época, Eratóstenes, bibliotecario del museo, midió la circunferencia de la Tierra, obteniendo un valor que difiere en sólo unos ochenta kilómetros del valor correcto (apenas un dos por mil de error). Para obtener este número se cuenta que Eratóstenes contrató a un paciente caminante para que midiera en pasos la distancia entre Alejandría y Syene (hoy Aswan, en el extremo sur del río Nilo). La distancia es de 800 kilómetros, lo que implica que el paseo (cerca de un millón de pasos) tomó varios días. El método de Eratóstenes consistió en medir en ambos lugares y a la misma hora, la longitud de la sombra de una estaca clavada en la tierra. Si en Syene el Sol estaba justo arriba, la estaca no proyectaría allí sombra alguna; en Alejandría, en cambio, por la curvatura de la Tierra, habría una sombra que delataría justamente la magnitud de esa curvatura y, por tanto, la circunferencia del planeta.

A pesar de las enseñanzas de Aristarco y Eratóstenes, la creencia predominante entre los griegos era que la Luna, el Sol y los demás astros que pueblan el cielo giraban sobre esferas perfectas en torno de la Tierra, el centro absoluto e inmóvil del Universo. La Luna sobre la esfera más cercana, luego Mercurio, Venus, el Sol, Marte, Júpiter y Saturno, este último seguido de las estrellas fijas. Finalmente el inmóvil primum mobile (Dios), la razón primera que alentaba el movimiento armónico de todo este esférico concierto celestial.

Es la concepción geocéntrica del cosmos, sistematizada en la cosmología aristotélica y elaborada en la tradición analítica del pensamiento griego. Constituyó el paradigma cosmológico que dominó imperturbado al Viejo Mundo hasta el siglo XVI. Lo conocemos con todo detalle gracias a Claudius Ptolemaeus (Ptolomeo) quien, en el siglo II, escribió una monumental obra enciclopédica de astronomía. Su nombre original *La Colección Matemática* cambió luego a *El Gran Astrónomo*, para distinguirla de un conjunto de textos de otros personajes, como Euclides y Menelaus, agrupados bajo el título *El Pequeño Astrónomo*. En el siglo IX, los árabes la llamaron finalmente como la conocemos hoy, *Almagest*, o *El gran tratado*. Consta de trece volúmenes que tratan del sistema geocéntrico, los planetas, el Sol y las estrellas fijas, de los eclipses, de geometría y trigonometría, de la construcción de instrumentos y observatorios astronómicos.

Exhausta con la contundencia del *Almagest* y anestesiada por las corrientes predominantes en la Edad Media, la astronomía se durmió en Occidente por catorce siglos para despertar luego sobresaltada con una osada proposición de Nicolaus Koperlingk de Thorn (Copérnico). Este hombre, estudioso de teología, filosofía y astronomía, propuso un Universo centrado en el Sol, con los planetas describiendo círculos perfectos en torno a él, ya que ante toda falta de uniformidad *"el intelecto retrocede con horror"*. Se iniciaba así la llamada "revolución Copernicana", pero sin su gestor. Copérnico publicó sus ideas en 1543. Según una carta de la época, sin embargo, "*...vio su obra llevada a término precisamente el día de su muerte*". Su trabajo se titula, "*De Revolutionibus Orbium Coelestium*", escondido presagio de la magnitud de la revolución conceptual a la que dio origen.

    Al publicar sus convicciones, Copérnico fue fiel a dos principios que orientan el avance de la ciencia. Uno, que si vamos a preguntarnos sobre los objetos en el cielo, lo primero es mirar hacia arriba y ver qué nos dice la observación de lo que allí hay. Podemos *imaginar* o discurrir acerca de lo que no es fácil o posible de observar. Sin embargo, si el comportamiento imaginado contradice lo que se observa, debe ser abandonado. Es el principio de *sometimiento al fenómeno*, a lo que ocurre y puede medirse: el comportamiento de la naturaleza, si uno quiere conocerla, siempre manda.

El otro principio es el de *simplicidad*: de dos explicaciones, la más simple es siempre la mejor. Pero no tan simple que viole el primer principio. Einstein dice: "*Todo debe ser lo más simple posible, pero no más simple*".

Al respecto, una primera conclusión a que se puede llegar luego de mirar el cielo, es que los astros están todos fijos sobre una esfera transparente, como pintas sobre un globo de cristal, que gira una vez por día en torno a la Tierra. Demasiado simple. Un poco de observación muestra que el Sol, la Luna y los siete planetas más visibles se mueven sobre el fondo estelar. La primera corrección al superficial modelo de esfera única agrega entonces una esfera por cada uno de esos astros: una para el Sol, una para la Luna y una para cada uno de los siete planetas más brillantes. El modelo de Universo se parece entonces a una gran cebolla de capas móviles, con la Tierra al centro.

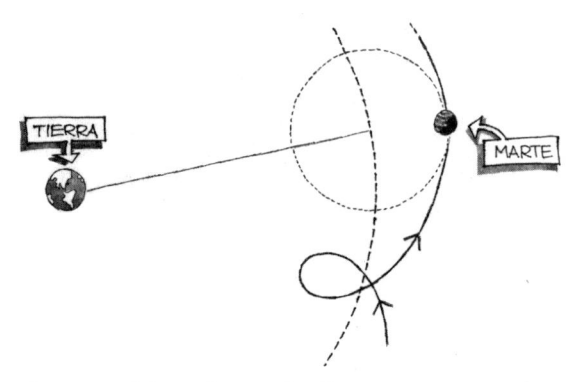

Una observación aún más fina muestra, sin embargo, que los planetas describen órbitas que parecen rizos en el cielo. ¿Cómo conciliarla con el modelo de simples esferas centradas en la Tierra? Ptolomeo logró explicar el movimiento rizado en base a pequeñas órbitas circulares en torno de otras más grandes. Círculos que giran en torno a círculos. Era una explicación complicada, sólo para expertos en geometría esférica. Copérnico, en cambio, advirtió que, centrando las esferas en el Sol, se podía explicar lo mismo manteniendo la simplicidad, al costo, eso sí, de abandonar el postulado de la inmovilidad de la Tierra. En su modelo, llamado heliocéntrico (*helios* en latín significa Sol), sólo la Luna gira en torno de la Tierra, mientras ésta rota en torno a un eje y en torno al Sol, como lo hacen los demás planetas.

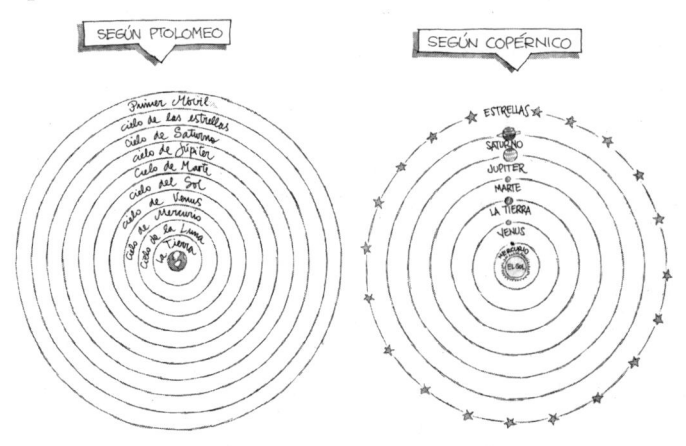

Sabemos que sabemos que sabemos: una depresión superada...

Mientras el modelo heliocéntrico de Aristarco no causó mayor impacto en su tiempo, el enunciado por Copérnico cayó en tierra fértil. No hacía mucho, Colón había navegado hacia el Oeste sin precipitarse al supuesto abismo lleno de voraces monstruos en que habría de terminar la Tierra si fuese cuadrada. Sin saberlo, había descubierto, en cambio, un nuevo continente lleno de insospechados habitantes y riquezas. Juan Sebastián Elcano, al mando de 17 sobrevivientes europeos y cuatro indígenas, había regresado de la primera vuelta al mundo, aunque sin su líder, Hernando de Magallanes, muerto en la expedición. La imprenta de Johann Gutenberg tenía ya cien años de rodaje, permitiendo la diseminación de todo lo que ocurría y de los textos de la antigua sabiduría griega. La hibernación medieval, con sus innegables virtudes y defectos, llegaba a su fin, y Europa se abría como una flor llena de perfumes de los más variados y controversiales aromas. En esta atmósfera de novedad, un atrevido modelo cosmológico, concebido en el centro mismo del continente, no podía pasar inadvertido. De hecho inició un proceso de profunda transformación de la imagen que el ser humano tiene sobre sí mismo, comparable a un gran terremoto, del cual aún hoy día se escuchan réplicas.

En el Génesis, relato bíblico de los orígenes del Universo y de la vida, el ser humano aparece claramente privilegiado sobre el resto de la creación. Surge como la coronación de esa sublime semana de Dios, cuando ya los astros, las aguas, las plantas y los animales han sido creados y declarados "buenos" por Él. El hombre es hecho "*a imagen y semejanza*" del Creador mismo. ¡Qué maravillosa expresión de este privilegio es encontrarse en el propio centro del Universo! Qué cosa más natural que los astros ejecuten su singular danza en torno de este ser especial, como las abejas alrededor de la reina del enjambre, o los súbditos de un reino en torno a su soberano. Ser el centro geométrico del Universo otorgaba una prueba objetiva, palpable, verificable por todos, de ese protagonismo del ser humano.

Y he aquí que surgen en el Renacimiento algunos rebeldes que delatan esta pretensión como falsa. Primero Copérnico, con cautela, lo hace el mismo día de su muerte. Luego Giordano Bruno, un hombre de vida tumultuosa que muere en la hoguera por sus desórdenes, y finalmente Galileo Galilei, a quien la Iglesia ordena el silencio. Es interesante notar que, desafiando la costumbre de la época de hacer todo escrito docto en latín, Galileo escribe en italiano, permitiendo así que sus rebeldes ideas lleguen al pueblo.

Aun cuando hoy mismo no faltan quienes creen que la Tierra es plana, el tiempo y los avances de la astronomía nos han convencido de que habitamos uno de nueve planetas esféricos mayores que giran en torno al Sol; que este astro es una estrella como la mayoría de las demás, una entre cien mil millones sólo en nuestra galaxia, la que a su vez no es más que una entre otros cuantos millones de millones de galaxias que pueblan el Universo visible. No somos el centro geométrico de nada. ¡Qué depresión!

No, no hay razón para estar deprimidos. Muy por el contrario. Somos tan extraordinariamente especiales que, a diferencia de otras formas de vida que habitan el planeta, hemos aprendido cosas acerca del Cosmos, de su inmensa variedad y riqueza. Hemos aprendido que no somos su centro geométrico, y más aun, que ¡el Universo que habitamos ni siquiera tiene un centro! Lo singular de nuestra especie es que tenemos curiosidad y la capacidad de satisfacerla. Podemos aprender, pero más importante aun, *sabemos* que hemos aprendido..., y hasta sabemos que sabemos que hemos aprendido..., y que hay mucho más por aprender.

El verdadero lugar de la belleza

La fascinante historia de la astronomía muestra la íntima relación entre religión y ciencia, entre la búsqueda de un significado para los misterios del Universo y la búsqueda de un sentido para la vida personal. La vinculación más estrecha se dio en las antiguas culturas como la maya, la egipcia, la griega, y tantas otras, para las cuales los astros eran los propios dioses. Los sacerdotes en ellas solían ser los astrónomos mismos, los que conocían las fases de la Luna y predecían las tormentas. La sabiduría natural y la religiosa se reforzaban mutuamente, dando autoridad una a la otra.

Hoy podemos aceptar que los agujeros negros, las estrellas, los planetas y los átomos han sido en último término creados por Dios, pero a la vez estamos convencidos de que, en su naturaleza material, toman parte en un baile cósmico sin categorías ni privilegios especiales, todos sometidos a las mismas leyes. Si unas estrellas son más grandes que otras, unas más brillantes que otras, o más influyentes sobre la vida en el planeta que otras, ello es explicable en términos de principios universales que valen para todas por igual. No hay leyes especiales para el Sol, diferentes de las que rigen a Alfa Centauro, Cygnus X-1, o cualquier estrella en el más distante de los lugares del Universo, o de las que rigen al núcleo atómico. Hasta hemos debido sacrificar nuestra esperanza de eterna perdurabilidad al reconocer que si se agota la energía que emiten las estrellas, también se agotará algún día el Sol, ¡aun cuando la misma existencia de la especie humana esté amenazada! (No hay para qué preocuparse; esto ocurrirá en miles de millones de años más).

La ciencia moderna ha transformado nuestra visión del Cosmos. La Luna no es ya Artemisa, diosa de la caza y la fertilidad, ni los grandes planetas, otros dioses. Hombres han caminado sobre la Luna y complejas naves espaciales se han posado en Marte y analizado sus suelos, o han fotografiado de cerca a Júpiter y Saturno. Asumir estas realidades ha sido difícil, pues pareciera que les quitan a los objetos del cielo su encanto original.

Pero, ¿es verdadero encanto el que se apoya en la ignorancia? Así como las religiones han debido aceptar lo que nos ha enseñado la observación del cielo con instrumentos modernos, o el escudriñar con preguntas cada vez más incisivas las cosas que nos rodean, sean vivas o inanimadas, los que amamos la belleza debemos buscarla donde ella verdaderamente se encuentra. Las imágenes religiosas o románticas que provoca la Luna surgen en el fondo de su extrema belleza natural, y son capaces de arrebatar el espíritu tanto hoy como hace mil años.

Del por qué al porque al por qué

El sendero de las preguntas es rico en variedad y formas de presentación. Puede abarcar lo que hay en el cielo y también lo que nos rodea. Además, diferentes personas responden según su diversa actitud intelectual.

A las preguntas bastante abstractas que a menudo se hacen los adultos, como, ¿por qué hay tanta variedad en lo que nos rodea?, los niños pequeños de todas las culturas suelen contestar simplemente "porque sí". (Ellos también se hacen preguntas, desde luego, pero sólo ante asuntos muy concretos, como por ejemplo "¿por qué la abuela tiene la cara arrugada?"). "Porque la naturaleza es muy variada, produce infinitas formas y colores, y el hombre coopera a enriquecer esta diversidad", es probable que conteste algún mayor. Esta respuesta no está del todo mal, aunque hay que reconocer que dice poco y explica menos.

¿De dónde salió eso que llamamos naturaleza? ¿Qué son los colores? ¿Por qué hay objetos con forma propia y otros sin forma, como el agua? ¿Por qué las plantas crecen y se reproducen, y los maceteros no? ¿Qué es la luz? ¿Por qué vemos? ¿Qué nos permite a nosotros pensar y a las hormigas no? ¿Por qué nos hacemos preguntas? Estas son las cuestiones que nos interesaría dilucidar si nos ponemos a pensar seriamente sobre lo que nos rodea; explicarlas hasta el nivel más profundo que podamos alcanzar. Y, ¿cuál es ese nivel?

Imaginemos el siguiente diálogo en una sala de clases. El profesor quiere hacer razonar a sus alumnos. Señala a Alberto y le pregunta:

P : ¿Por qué ves, Alberto?
A : ¡Porque tengo los ojos abiertos, señor!
P : No, esa respuesta no me sirve. A ver, Lucía, contéstame la pregunta. ¿Por qué ves?
L : Veo, señor, porque estoy mirando.
P : Cierto, pero tampoco ganamos mucho. A ver tú, Cristóbal, ¿Por qué ves?
C : Veo porque... en mis ojos se forma una imagen de lo que miro.
P : Eso está mejor, aunque un poco circular tu respuesta. Dime, ¿por qué se forma una imagen en tus ojos?
C : Porque a la retina llega la luz de las cosas que estoy mirando.
P : Pero, ¿por qué las cosas tienen luz?
C : Perdón señor, en realidad es luz del Sol reflejada en las cosas, en las paredes, en las sillas.
P : Bien, bien, pero entonces ¿por qué el Sol emite luz y no las sillas y las paredes? ¿Cómo las luciérnagas tienen luz? ¿Qué tienen el Sol y las luciérnagas de especial?
C : La luz, señor, es una onda electromagnética. El Sol emite luz porque en su interior ocurren reacciones nucleares que calientan los gases del exterior, produciendo algo como una inmensa hoguera. Esto no ocurre en el interior de las sillas en este cuarto. La luciérnaga, en cambio, la emite porque, cuando

la luciferasa se acerca a la luciferina, bueno, ...esteeeeehh...
P : Oye, ¿dónde aprendiste tanto, mono sabio? Tu respuesta es buena, al menos respecto al Sol. Pero, ¿qué pasó al final? ¿Por qué cuando la luciferasa se acerca a la luciferina se produce luz?
C : No sé, señor.
P : Entiendo. En todo caso, ¿por qué las hogueras emiten ondas electromagnéticas?
C : En las hogueras hay cargas eléctricas que se mueven y chocan entre sí cambiando sus velocidades, y los cambios de velocidad de las cargas siempre producen ondas electromagnéticas, señor.
P : Muy interesante. Y, ¿por qué las cargas eléctricas aceleradas emiten ondas electromagnéticas?
C : Son las leyes de la naturaleza, señor.
P : De buena forma te la sacaste. Entonces dime, ¿por qué hay cosas con carga eléctrica?
C : Porque están hechas de cargas eléctricas muy pequeñas.
P : Bien, pero estas cosas más pequeñas, ¿por qué tienen *ellas* carga eléctrica?
C : "Eeeeeehh...." (silencio).

Las explicaciones engendran siempre una nueva pregunta, van transformando una en otra, como si fuéramos avanzando por los eslabones de una larga cadena. Partimos de "¿por qué vemos?", y llegamos a "¿qué pasa cuando la luciferasa y la luciferina se juntan?" o, "¿por qué hay cargas eléctricas?", y allí topamos. Llegamos a la orilla del conocimiento. Una orilla que presenta multitud de frentes.

Que además se mueve. Hace ciento cincuenta años, cuando no se sabía siquiera la conexión entre la luz y las cargas eléctricas, o no se conocía aún la luciferasa, nuestra cadena habría terminado algunos eslabones más atrás. La cadena es hoy más larga que ayer.

DIVERSIDAD

Bien, pero, ¿qué hemos ganado? ¿Hemos avanzado algo agregando eslabones? ¿En qué se diferencian después de todo, si unos y otros no son más que eslabones?

Se diferencian *en su posición* en la cadena. En ésta hay un orden: unos eslabones están antes que otros. La cadena "visión – luz – onda electromagnética – cargas que cambian su velocidad – carga eléctrica" termina igual que la cadena "cáncer a la piel – radiación solar – onda electromagnética – cargas aceleradas – carga eléctrica". De hecho, ambas cadenas comparten los últimos tres eslabones. Otro ejemplo es la cadena "oro – cristal – átomo – carga eléctrica", que comparte con las anteriores sólo el último eslabón.

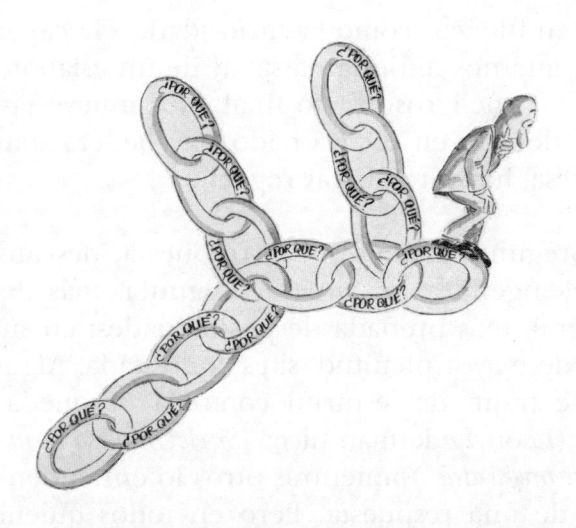

Estas cadenas se fusionan como las ramas de un árbol, terminando en un tronco único que se entierra en lo desconocido. Una variedad de preguntas sobre nuestro entorno y lo que vemos o nos sucede cotidianamente terminan en una sola, más fundamental y general. La carga eléctrica, como raíz, lo es de un árbol impresionantemente frondoso, que crece con lentitud desde su base. La propia existencia material de lo que nos rodea y hasta de nosotros mismos no sería posible sin esa y otras propiedades básicas de lo más pequeño.

Cada avance en el terreno de lo desconocido, cada nuevo eslabón que se agrega al final de la cadena, cada crecimiento del tronco, levanta al árbol entero. Al avanzar de un eslabón a otro, las preguntas se van haciendo más generales, más fundamentales, más importantes. Por ello, reemplazar una pregunta por otra en la secuencia explicativa no nos deja donde mismo, nos hace avanzar.

Lo que sabemos sobre cómo son y cómo funcionan las cosas ha sido el fruto de pararse frente al vacío de lo desconocido, y, como un ciego, remover la oscuridad con el bastón. El raciocinio, la imaginación, el laboratorio, las matemáticas, el lápiz, el papel..., son las diversas facetas de ese báculo.

Existen fuerzas, como la curiosidad, o la capacidad de asombro, que nos impulsan a saltar de un eslabón a otro y acercarnos al peligroso vacío final. Nos mueve también la intuición de que en el recorrido hay belleza, hay orden, hay sorpresa, hay verdad, hay regocijo.

La pregunta es tensión; la respuesta, descanso. Cada respuesta engendra una nueva pregunta, más desafiante, más general, más preñada de posibilidades; en suma, una promesa de mayor plenitud, si es contestada. Algunos conciben este trajín del espíritu como la búsqueda de una pregunta (León Lederman dice: "*Si el Universo es la respuesta, ¿cuál es la pregunta?*"), mientras otros lo entienden como la pesquisa de una respuesta. Pero en todos quienes se inquietan por saber hay tensión, hay pasión por lo desconocido, hay una sensación de gestación intelectual que gratifica y da esperanza.

Junto a nuestra preocupación por interpretar, por entender lo que ocurre en la naturaleza, ha habido siempre un afán por elaborar cosas con ella. A la flor de la fucsia hoy se agrega el horno de microondas. Nos sorprende el arco iris en una tarde de invierno y nos aflige el smog de las ciudades. La mezcla de lo cándido y lo mordaz, de lo puro y lo adulterado, del espectáculo que deslumbra por su belleza y el que angustia y preocupa. En nuestro huerto no sólo crece el conocimiento sino también la tecnología, como un nuevo árbol cargado de promesas. Y de amenazas. Si crece muy rápido, sin que tengamos tiempo para alejarnos buscando la perspectiva, sin que nadie se preocupe de buscar su armonía con el resto, quizás crecerá deforme, monstruoso, será un engendro que podrá atacar a los demás árboles y destruirlos.

Belleza, promesas y peligros, una trilogía que invade nuestra realidad y nos obliga a reflexionar ante cada paso que damos.

Dulcinea y sus secretos

¿Se acabarán algún día las preguntas sobre el Universo que nos rodea? A quienes pretenden que existe una última pregunta, y una última respuesta que no engendrará más preguntas, se les suele llamar reduccionistas. Para ellos hay un eslabón terminal donde acaban todas las cadenas posibles: la raíz desnuda que nutre toda la frondosidad de preguntas a que puede dar lugar nuestra curiosidad.

Esta respuesta final podría ser una simple y magna ecuación matemática, origen de todas las que conocemos hoy y muchas más que aún no descubrimos, y de la cual se pueden derivar las propiedades y el comportamiento de todo el Universo material. Nos contestaría por qué hay carga eléctrica, por qué el electrón tiene masa y la luz no. Sería una teoría explicativa última, perfectamente fecunda. Sería una teoría de todo.

El escepticismo que uno siente frente a esta postura tiene raíces históricas. Teorías que han inflado el ego de generaciones a la larga han probado ser falibles. El ejemplo más ilustrativo es el Universo mecanicista de Isaac Newton. La sorprendente eficacia de sus tres leyes de movimiento y de su ley de gravitación universal hizo pensar hacia fines del siglo dieciocho y durante el diecinueve que el Universo entero, incluyendo lo pequeño y lo grande, lo inanimado y lo vivo, podía explicarse usando sólo esas leyes y algunos agregados de menor importancia.

Pierre Simon Laplace personifica bien esta actitud. Matemático de gran genio, adquirió fama por cierto descubrimiento en álgebra y por haber explicado, usando la mecánica de Newton, por qué la órbita de Saturno parece agrandarse, y la de Júpiter, achicarse. Tal era su admiración por esta teoría que llegó a afirmar que, para quien poseyese una máquina de computación suficientemente grande, con ayuda de los conceptos de Newton *"nada sería incierto; tanto el futuro como el pasado estarían presentes ante sus ojos"*. Es el determinismo extremo, que no deja lugar a ningún acto de libertad genuina, dominado por ese "demonio de Laplace" capaz de averiguarlo todo. Don Pierre Simon tiene que haber tenido un temperamento especial. Fue senador, conde, marqués, y hasta ministro del interior de Napoleón, aunque éste al mes y medio lo despidió *"por traer el espíritu de los infinitesimales a la administración pública"* (en sus trabajos científicos usaba el cálculo infinitesimal de Newton y Leibniz...)

Cien años después William Thomson Kelvin, otro hombre notable, profesor universitario que llegó a ocupar el cargo de canciller de la Universidad de Glasgow, caballero y barón, famoso por sus estudios sobre el calor, dijo en 1900: *"No queda nada nuevo por descubrir en física ahora; lo único que resta es hacer mediciones más y más precisas"*. Muy poco después el átomo se resistió tenazmente a esta apreciación y exigió, en el primer tercio del siglo XX, una nueva teoría, muy diferente a la de Newton, que hoy llamamos mecánica cuántica. Incluso fuera del ámbito atómico, las ideas de Albert Einstein obligaron a modificar las famosas tres leyes y declararlas erróneas para el caso del movimiento muy veloz, o muy cercano a un cuerpo de gran masa.

Este y otros ejemplos muestran que el optimismo que uno sienta ante cualquier teoría del Universo está basado en lo que se sabe en el momento, pero ignora fenómenos que puedan descubrirse mañana, o genios que encontrarán teorías aun más generales en un futuro desconocido, el cual, históricamente, ha demostrado siempre llegar con sorpresas totalmente inesperadas. Si bien los avances nos dan la sensación de acercarnos a una teoría final, jamás sabremos si hemos llegado a ella o no; podemos creer que sí, pero no podemos descartar la posibilidad de estar equivocados. Si en doscientos años esto ha ocurrido más de una vez, ¿cuántos casos se acumularán en los próximos mil?

Coincidente con la postura de Laplace, una forma moderna de reduccionismo extremo es el que afirma que todas las cosas que existen, incluidos las estrellas, el Sol y los planetas, la Tierra y su clima, los virus, las bacterias, las pulgas y los elefantes, hasta nosotros mismos, son explicables a partir de una teoría final de las partículas más pequeñas y de las fuerzas que ejercen unas sobre otras. La muerte de una flor, por ejemplo, sería en último término el resultado de la acción de los extraños cuarcs y electrones, sería abordable a través de una cadena de porqués que terminaría, por ejemplo, en la existencia de esas partículas y la forma como se relacionan unas con otras.

Una postura más cauta es basarse en *niveles explicativos*. Si bien nadie duda de que la flor está hecha de electrones, protones y neutrones, ningún botánico en su sano juicio iría donde un científico experto en estas materias para que le explicase cómo la abeja o el picaflor se orientan para encontrar las flores maduras. Es cierto que en el mundo moderno los físicos, por ejemplo, han demostrado ser extremadamente eficaces para solucionar problemas ajenos a su especialidad, como la determinación de la estructura de la molécula de ADN, los movimientos oculares erráticos que afectan a algunos enfermos de esquizofrenia o las fluctuaciones en la bolsa de comercio. Sin embargo, cuando abordan estos temas, no hacen uso de sus conocimientos acerca de los electrones, sino más bien aprovechan esa habilidad para hacer modelos, para encontrar los aspectos esenciales de cualquier problema, destreza obtenida tras un largo entrenamiento. O aprovechan su manejo de las matemáticas, su método analítico, su capacidad de acceder a la bibliografía relevante, etc.

En una flor hay unos cien mil trillones[*] de electrones interactuando entre sí y con otros tantos protones. Es un número tal de objetos que carece de sentido la pretensión de derivar su crecimiento a partir de una única ecuación que rige el comportamiento de esta inimaginable multitud de partículas. Parece más sensato intentar una explicación usando como unidades básicas las células que componen la flor, y las complejas moléculas químicas que les sirven de nutrientes. Las células constituyen un nivel básico de explicación, los electrones, protones y neutrones, otro. La conexión entre estos dos niveles no es hoy muy clara, pues aún no se ha demostrado que la célula viva se rija exclusivamente por las leyes físico-químicas que conocemos.

Quizás una analogía ayude a comprender mejor esta idea de niveles explicativos. La extraigo de un ámbito muy distinto, el de la creación humana. Supongamos que queremos estudiar la persona de Pablo Neruda a través de su obra, en poemas como:

> *Puedo escribir los versos más tristes esta noche.*
> *Escribir por ejemplo: "La noche está estrellada*
> *y tiritan, azules, los astros a lo lejos".*
> *El viento de la noche gira en el cielo y canta.*
> *Puedo escribir los versos más tristes esta noche...*

Si bien es cierto que este trozo está formado de versos, los que se componen de palabras, que a su vez están formadas

---

[*] Ocasionalmente usaremos las palabras "billón" para un millón de millones, "trillón" para un millón de millón de millones, etc.

a partir de sólo 27 letras diferentes, no sería sensato pretender que un estudio de la frecuencia con que aparece la letra j en esos versos, o el efecto que produce su combinación con la letra e, nos permitiría adentrarnos en el sentido profundo del poema mismo. Las letras y sus combinaciones en parejas o tríos constituyen un nivel explicativo radicalmente diferente del que ilumina el contenido de un texto.

Más útil sería conocer la frecuencia con que aparece la palabra "noche" en la obra del poeta, saber cómo la combina con otras palabras, o en qué contextos la usa. Más iluminador aun sería estudiar los grandes conceptos que marcan sus escritos, el contexto histórico en que los ha vertido sobre el papel, las circunstancias particulares de su vida personal, etc.

Si bien las letras son necesarias para armar palabras, y éstas lo son para construir versos y poemas enteros, la información que estas unidades nos dan es diferente. Situarse en ellas es ubicarse en un nivel determinado para hacer el estudio. Hay que saber escoger el que corresponda según los fines explicativos que se persiguen. El Quijote es una magna obra literaria, compuesta por unos dos millones de palabras, armadas éstas usando apenas 27 símbolos diferentes. Bien, pero ¿a quién se le ocurriría estudiar la pasión de este personaje por Dulcinea del Toboso en el nivel de las meras letras, cuando uno encuentra en el texto frases como *"...pienso y tengo por cierto de acabar y dar felice cima a toda peligrosa aventura, porque ninguna cosa desta vida hace más valientes a los caballeros andantes que verse favorecidos de sus damas"*?

Si queremos saber algo acerca de lo que hoy se sabe, o si nos interesa echar una mirada al abismo de lo desconocido, debemos familiarizarnos con los diferentes eslabones de las cadenas de preguntas, enfocándolos desde la perspectiva que corresponda. Nuestros sentidos perciben un mundo restringido, sin embargo, lo que limita el acceso a las explicaciones últimas. Tenemos intuiciones desarrolladas acerca del funcionamiento de lo que nos rodea, del acontecer cotidiano, del vuelo de los pájaros, del crecimiento de las plantas, del correr de los ríos. Pero no tenemos ideas acertadas sobre lo que hay en el interior de las cosas más pequeñas, o en las profundidades del cielo. Debemos penetrar estos laberintos en primera instancia inaccesibles, saber qué hay en los espacios a los cuales nuestros sentidos no llegan. Sólo entonces podemos hablar acerca de cómo son y cómo funcionan las cosas, de lo que se entiende y de lo que queda por explicar.

CAPITULO 2
LO MAS PEQUEÑO

¿Cómo es posible la enorme diversidad que nos muestra la naturaleza? Así como mis versiones de la *Biblia, El Quijote* y los miles de páginas de literatura y ciencia especializada que me rodean se basan en apenas 27 caracteres, ¿no será que el caballo y la flor son diferentes formas de combinar unas pocas cosas más pequeñas? Suena prosaico. Sin embargo, preguntas como éstas han dominado la tendencia a explicar, a buscar principios fáciles de recordar y fecundos para entender los secretos de la maravilla que nos rodea.

La pulga en el estadio

La búsqueda de simplicidad a través del peregrinaje de los siglos ha sido sorprendentemente exitosa. Nos ha llevado a la célula cuando nos preguntamos por los seres vivos, a átomos y partículas elementales cuando se trata de la materia inerte. En los diversos niveles explicativos en que nos situamos hemos encontrado unidades básicas adecuadas para armar la complejidad que nos admira y que usamos como peldaños en una escalera desde cada uno de los cuales se nos muestra una determinada perspectiva de la realidad.

El nivel más elemental, donde aparece lo más pequeño que existe, es el que uno busca cuando se pregunta de qué están hechas las cosas *en último término*. Desde tiempos remotos ha habido respuestas a esta pregunta. Por ejemplo, los indios creían que los ingredientes primarios de la naturaleza eran el fuego, el aire, el agua, la tierra y el espacio vacío. Aunque primitiva, la noción no deja de ser razonable. Cuando se muele una piedra, parece tierra. Cuando se tritura una hoja de lechuga sale agua, y si la dejamos descomponerse por un tiempo, se convierte en tierra. Cuando la hoja está seca, con facilidad se quema y, al menos por un tiempo, se convierte en fuego, despidiendo calor. Lo mismo ocurre con la generalidad de los seres vivos. Por otra parte, el aire, el viento, no tienen en apariencia nada en común con el fuego, la tierra y el agua, por lo que merecen un status aparte. Finalmente, para que el fuego, el aire, el agua y la tierra se materialicen se requiere de espacio vacío que puedan ocupar. Así se completa el hermoso quinteto elemental propuesto por los antepasados de Mahatma Ghandi.

Otra creencia muy antigua se atribuye a Demócrito de Abdera, quien hace 2400 años opinaba que *"lo único que existe son los átomos y el espacio vacío"*. La palabra griega "ατομος", que significa indivisible, es usada por Demócrito para expresar que al partir algo en pedazos cada vez más pequeños, eventualmente se llega a granitos minúsculos que ya no se pueden dividir más. Según él, todo lo que existe está hecho de estos granitos indivisibles y eternos, que difieren sólo por su forma y tamaño. Los átomos del agua serían así esferitas que ruedan unas sobre otras; los del fierro, en cambio, tendrían forma irregular, por lo que se traban unos con otros dando rigidez a ese material.

Siguiendo a Demócrito, ¿en cuántos pedazos se puede partir un objeto? Para formarse una idea basta tomar una hoja de papel y dividirla en mitades cada vez más pequeñas. Doblando y cortando, se puede llegar sin problemas hasta la décima división. Los trozos alcanzan a tener entonces un medio centímetro por lado (nótese que se necesitan dos cortes para obtener cuatro cuadrados a partir de uno más grande). Para continuar se puede usar una tijera, con ayuda de la cual no es difícil llegar hasta unas dieciocho divisiones. ¿Y después? De allí en adelante se necesitan instrumentos cortantes especiales, el uso de microscopios cada vez más poderosos, etc., etc. Si intentó el experimento, es probable que, con las primitivas herramientas de que disponía, Demócrito haya llegado a apenas veinte divisiones. Para alcanzar el tamaño del átomo dividiendo más y más se requerirían unos sesenta cortes. De la hoja original quedaría apenas una pelusa, una especie de cadena atómica cuyo largo sería el espesor original de la hoja, aproximadamente un millón de átomos, uno al lado del otro. Sin duda lejos de lo que pudo lograr el visionario filósofo griego.

Que hay átomos, que la celulosa que compone el papel finalmente está hecha de tres unidades básicas: carbono, oxígeno e hidrógeno, no nos cabe duda. Pero, ¿está *todo* hecho de átomos? ¿Podemos explicar la luz del Sol, la voracidad de los agujeros negros, la radioactividad o los colores de las flores en términos de esas ciento y tantas especies de esferitas primordiales que hoy conocemos y llamamos átomos? No. Explican mucho, pero no todo.

El átomo moderno, aunque muy pequeño (en la cabeza de un alfiler hay unos cien trillones de átomos, un uno seguido de veinte ceros), no es exactamente la unidad indivisible que concibió Demócrito. Cristóbal, un niño de seis años, me lo definió una vez así: "*El átomo es como un melón con un montón de cosas raras adentro*". No estaba tan equivocado. Desde principios de siglo sabemos que nuestro átomo tiene partes, tiene una estructura interna, y se puede dividir.

Está compuesto por una minúscula esferita casi quieta y de muy alta densidad que llamamos núcleo, y luego una o más partículas miles de veces más livianas y en movimiento veloz, a las que llamamos electrones. Si el átomo fuese un estadio de fútbol, el núcleo sería como una pulga. Así de pequeño es. Sabemos también que el núcleo atómico está a su vez compuesto de protones y neutrones, los que a su vez están compuestos de cuarcs, los que a su vez... ¡No! Aquí parece terminar la cosa.

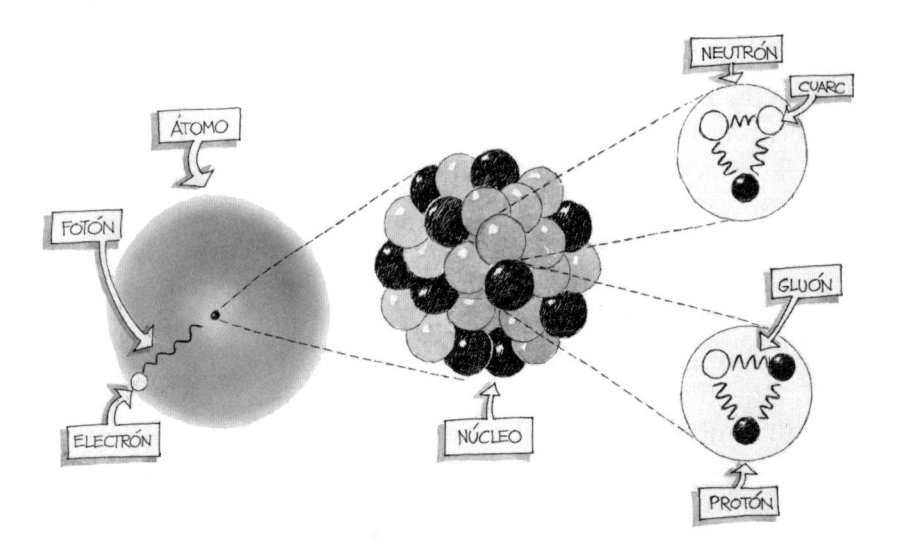

No se entiende mucho de la inmensa variedad de cosas que somos capaces de percibir si se ignora el interior del átomo. Tampoco se entenderían muchas enfermedades si los biólogos sólo supieran de células y no de su interior. O algunos problemas de la sociedad, si la pensamos como una colección de familias sin considerar la constitución interna de ellas. El átomo, la célula, la familia, son "unidades compuestas", útiles conceptualmente para describir algunas propiedades de la materia, los organismos vivos y la sociedad, pero ineficaces para entender una multitud de fenómenos que sólo se explican teniendo presente su constitución interna.

¡Cuarc!...topones y botones

Hablemos entonces con más detalle del interior del átomo. Entrar en él es como internarse en el país de las maravillas de Alicia, ese mágico personaje de Lewis Carroll. Hay en este minúsculo objeto miles de sorpresas y complejidades que ni se soñaron hace cien años. Su comportamiento es, en muchos aspectos, radicalmente diferente al que uno esperaría si se guía por lo que ha percibido con los sentidos. Aunque las leyes naturales que imperan son las mismas, no es tan extraño que sus manifestaciones no lo sean, por la inmensidad que nos separa. Por ejemplo, yo peso cerca de cien quintillones de veces más que un electrón (un uno seguido de 32 ceros), y mido más de mil billones de diámetros nucleares. Son diferencias enormes, caracterizadas por números inmensos. Los objetos que vemos y tocamos involucran, sin excepción, la participación de millones de millones de millones de electrones y núcleos. Así como la muchedumbre en un estadio de fútbol hace cosas que uno no esperaría de los individuos aislados, por fanáticos del deporte que sean, las multitudes de partículas que forman los objetos de nuestro tamaño se nos muestran de diferente manera que cuando se encuentran solas. El cotidiano nuestro, y el microscópico, son en este sentido dos mundos enteramente diferentes.

¿De qué están hechos los átomos? ¿Cuáles son los ladrillos básicos de su estructura y cómo se unen para formar cosas más grandes? Veamos. Ya mencioné a electrones y núcleos. Al electrón lo conocemos desde hace unos cien años, y después de estudiarlo muchísimo estamos convencidos de que es una partícula indivisible. El núcleo en cambio está formado de protones y neutrones, y éstos a su vez lo están de cuarcs, que son indivisibles. A partir de cuarcs y electrones podemos entonces armar los átomos y las cosas materiales que vemos. ¿Y cómo se pegan? La "goma" que mantiene unido al núcleo está formada por misteriosos objetos que llamaremos "gomones" (en inglés se les llama "gluons"), y quienes unen núcleos y electrones son los quizás más familiares "fotones".

Cuarcs, gomones, fotones. Son algunas de las palabras extrañas que forman el vocabulario de lo más pequeño que existe. La primera fue introducida por Murray Gell-Mann, Premio Nobel 1969. Hacia 1963 había una sensación de desaliento por la existencia de centenares de partículas aparentemente elementales, pero que se sospechaban divisibles, aunque sin saber cómo lo serían. Gell-Mann propuso ese año que protones, neutrones y una cantidad de partículas similares (los hadrones) estaban compuestos por dos o tres constituyentes hasta entonces desconocidos que llamó entonces "quarks". El nombre fue inspirado por la frase *"Three quarks for Muster Mark"*, que aparece en la última obra del famoso escritor James Joyce, *Finnegans Wake*. Sin embargo la enigmática palabra "quark" no aparece en el diccionario inglés, no se sabe qué significa originalmente ¡ni hay acuerdo sobre cómo se pronuncia! (Gell-Mann dice que Joyce lo usó para evocar el sonido que emiten las gaviotas). En alemán quiere decir "quesillo", pero este significado parece ser accidental. Qué exactamente inspiró el nombre, no lo sabemos. Se dice que Gell-Mann buscaba una palabra que sonara como "fork" (tenedor, en español), pero esto no es seguro. Quizás fue la dificultad de denominar lo misterioso, aquello cuyas propiedades se ignoran. Algo similar ocurre, por lo demás, con los apodos que nos dieron nuestros padres al nacer. Estas inocentes criaturas a las cuales echamos la culpa de todo debieron escoger nuestros nombres antes de conocernos el carácter. Por eso resultan Verónicas que tienen aspecto de Magdalenas, o Rodrigos que se comportan como Pablos.

Hasta donde sabemos, hay seis tipos de cuarcs. Se diferencian en el "sabor", y son: el apón, el daunón, el estrañón, el charmón, el botón y el topón. Estos rarísimos nombres son mi traducción libre de los apodos técnicos: *up, down, strange, charmed, bottom* y *top*, respectivamente. Aunque en inglés significan cosas, estos términos son tan arbitrarios como mis adaptaciones españolas, y unas y otras dicen igualmente poco acerca de las propiedades de las partículas que designan. (Hay textos en español que los llaman: arriba, abajo, extraño, encantado, inferior o fondo, y superior o cima). Algunos de los nombres tienen un origen histórico. Por ejemplo el *top* y el *bottom* ocupan los lugares superior e inferior en una tabla que los ordena. Y sólo por eso, su nombre. Pero, también se los ha llamado *beauty* (belleza) y *truth* (verdad), prueba de la arbitrariedad que caracteriza esta nomenclatura.

Además de sabor, los cuarcs tienen color: rojo, azul o verde. Mezclando estos tres colores se puede obtener una amplia gama del continuo del arco iris. Son de hecho usados como colores primarios en las pantallas de televisión, como se puede comprobar con el televisor encendido, poniendo una pequeña gota de agua en la pantalla, que actúa como lupa, ampliando los pequeños granitos de color que contiene. Aunque sería ridículo pretender que cosas tan pequeñas como los cuarcs sean coloreadas, los colores que se les ha asignado tienen un dejo de significado nominal. Estas partículas no pueden combinarse de cualquier manera. Una de las reglas que hay que seguir para armar cosas grandes está expresada en este lenguaje de colores. Se trata que al mezclarlos resulte un objeto blanco o sin color. Por ejemplo, el protón está hecho de tres cuarcs: uno rojo, uno verde, uno azul, cuya combinación produce el blanco. (Se comprueba girando rápidamente un objeto que contenga los tres colores).

Partículas "light"

Los cuarcs forman una primera familia de ladrillos básicos de la materia. Una segunda familia son los leptones, cuyo nombre viene de "leptos", palabra latina que significa liviano. El leptón más conocido es el electrón, unas setecientas veces más liviano que el más ligero de los cuarcs. Fue descubierto en 1897 por Joseph John Thomson (inglés, 1856-1940), sucesor de Lord Rayleigh en Cambridge y Premio Nobel 1906 por sus trabajos sobre conducción eléctrica en gases. Es el grano de electricidad que circula por alambres y televisores. Su nombre viene de "ηλεκτρον", palabra griega que significa ámbar, una resina que al ser frotada se electrifica. A este primogénito, se suman cinco hermanos: el muón, el tauón, y tres neutrinos, el neutrino electrónico, el muónico y el tauónico. Los nombres de los dos primeros se derivan de las letras griegas mu (μ) y tau (τ), mientras el del neutrino recuerda su neutralidad eléctrica.

La historia del neutrino merece destacarse. Supongamos que uno patea medio a medio una pelota de fútbol, la cual, en vez de salir hacia adelante, sale hacia un costado. Lo volvemos a hacer, y sucede lo mismo. ¿Qué pensarían? ¿Gato encerrado? ¡Neutrino encerrado! propuso Wolfgang Pauli en 1930, no para el ejemplo de la pelota, sino en relación a algunos disparos que suelen hacer los núcleos atómicos, y que se llaman "decaimiento beta". Por ejemplo, de un átomo de carbono puede salir repentinamente un electrón, quedando detrás un átomo de nitrógeno. El proceso en sí es sorprendente, como si de la pelota de fútbol de pronto saliera un canario volando. Bueno, podría pensar uno, quizás alguien puso el canario adentro, la pelota reventó y el pájaro quedó libre. Son trucos típicos de los magos. Pero, ¿y si, aunque hubiese cambiado levemente de forma, la pelota no mostrara señales de haber reventado?

En el decaimiento beta uno espera ciertas cosas que no se cumplen; hay ciertas leyes de conservación, como la conservación de la energía, que parecen violadas. Son leyes muy antiguas, muy queridas, que no se abandonan así no más. Para salvarlas, Pauli dijo que debía existir una partícula nueva, sin carga eléctrica ni masa, que salía junto con el electrón como un fantasma invisible. Enrico Fermi aprovechó la aparente inocuidad del objeto para acuñar un italianismo: "neutrino", el diminutivo de neutro (en español quizás sería neutrito). En una carta de 1934, George Gamow le dice a Niels Bohr, que *"no le gusta nada esta cosita sin carga ni masa"*. La audaz proposición de Pauli fue confirmada un cuarto de siglo más tarde, y en los años siguientes nos sorprendimos al descubrir que no había una, sino tres especies, asociadas a los otros leptones: el electrón, el muón y el

tauón. Un poema de John Updike que he tenido la osadía
de traducir del inglés, dice sobre esta partícula:

> *El neutrino es tan pequeño,*
> *no tiene carga, no tiene masa,*
> *de la materia hace tabla rasa.*
> *La Tierra es sólo una torpe esfera*
> *para él, a través de la cual pasa*
> *como aseadora por una limpia estera.*

Hay diferencias importantes entre cuarcs y leptones, aparte de la especial liviandad de los segundos. La más notoria es el tipo de goma que pega a sus miembros. Si dos leptones se alejan uno de otro, la fuerza que los une se torna más débil, como el sonido entre dos personas que se hablan cada vez más lejos. Los cuarcs, en cambio, no se pueden separar, porque la fuerza crece con la distancia: mientras más los separamos, más cuesta distanciarlos. No conocen la libertad. Hasta la fecha los cuarcs sólo han sido encontrados en parejas o grupos de tres.

A las dos familias ya nombradas se suma entonces una tercera, la de las diversas gomas que pegan. Sabemos que el átomo es posible porque electrón y protón se atraen; que el sistema solar se mantiene unido porque el Sol y los planetas también se atraen, aunque por razones distintas. Hoy entendemos estas atracciones entre objetos como un intercambio de partículas mensajeras, las que en lenguaje técnico se llaman "bosones de gauge" (pronunciado "geich"). Lo de *bosón* es en honor a Styendra Nath Bose (hindú, 1894-1974) y lo *de gauge* es por razones técnicas, por el tipo de teoría que describe mejor a estas partículas. Los miembros de la familia son el fotón (el cuanto de luz que transmite la fuerza entre cargas eléctricas), los gomones (ocho de ellos, asociados a los cuarcs), el gravitón (asociado a la atracción entre masas) y las partículas W^+, W^- y Z (importantes en la radioactividad). Ya tendremos ocasión de hablar de estos objetos más adelante.

Antis y anti antis

Tenemos las familias. Pero con ellas no se agota esta sociedad. Existen además las antifamilias. Un poco como las mafias. A cuarcs y electrones se asocian, por ejemplo, anticuarcs y antielectrones. A cada partícula, una antipartícula.

El prefijo "anti" sugiere antagonismo, que es cierto en el siguiente sentido: si por ejemplo un electrón se encuentra con un antielectrón ¡ambos desaparecen! Lo mismo ocurre con las otras parejas de partícula-antipartícula. En el encuentro fatal no desaparece todo, desde luego, pues a algún lugar tiene que ir a parar, por ejemplo, la energía que tenían la partícula y su anti. El rastro que queda luego de la aniquilación puede ser una pareja de fotones, u otras partículas, que salen disparados en direcciones opuestas. El antagonismo entre las parejas es sin embargo recíproco, en igualdad de condiciones, siendo el electrón tan anti antielectrón, como el antielectrón, anti electrón (¡Uf!).

Los antis forman lo que llamamos la antimateria. La historia de su descubrimiento es un ejemplo de la fuerza de la teoría bien hecha. Hacia 1920 se sabía que toda partícula aislada tiene una cierta cantidad de energía interna. Albert Einstein en su teoría de la relatividad especial ya había demostrado que la masa no era más que una forma de energía. Cuando la partícula está quieta, el valor de esta energía es su masa "m" multiplicada dos veces por la velocidad de la luz "c" ($m \cdot c^2$, el famoso emececuadrado). Si se mueve, la energía aumenta de cierta manera que no nos interesa ahora, pero aumenta, se hace mayor. Lo que importa es que es un número siempre positivo, y que puede crecer cuanto uno quiera.

Tratando de conciliar las nuevas ideas de la relatividad con la naciente mecánica cuántica, Paul Dirac publicó a comienzos de 1928 un trabajo que tuvo gran impacto. Como lo describe Werner Heisenberg, *"creíamos haber llegado a puerto (en la construcción de la teoría del átomo) y el trabajo de Dirac nos ha arrojado al mar nuevamente*", o, en una carta a Wolfgang Pauli ese año, "*el más triste capítulo de la física moderna es y sigue siendo la teoría de Dirac*". En su obra, Dirac derivaba una ecuación, la hoy famosa Ecuación de Dirac, que admitía no una sino dos soluciones para la energía del electrón: la que ya nombramos, positiva, y otra igual, pero de signo negativo. Para sus contemporáneos, esta novedad en cierto sentido ensuciaba la hermosa teoría cuántica (no relativista) recién creada.

Es como si en un mundo feliz, en que todos viven contentos con sólo números positivos que surgen de contar sillas, partir manzanas y reflexionar sobre la longitud de un círculo, algún geniecillo por allí descubre que la ecuación equis-cuadrado-igual-uno ($x^2=1$) tiene dos soluciones: la positiva, 1, y una nueva, que distingue con una rayita y llama negativa, -1 (multiplicar -1 por -1 da el mismo resultado que multiplicar 1 por 1). De pronto se abre todo un universo fascinante, el de los números negativos, que ¡duplica todos los números existentes! (salvo el cero). O, como si una civilización que nunca exploró el mar advierte de pronto que no sólo hay pájaros sobre el océano, sino además toda una fauna bajo su superficie, que antes no conocía.

Dirac halló una literal duplicación de posibilidades para el electrón. Por ejemplo, a electrones quietos, con la energía habitual positiva emececuadrado, habría que agregar electrones también quietos pero con energía negativa ($-m \cdot c^2$). Si se mueven, lo mismo. Por cada posibilidad existente, una nueva. El dilema fue entonces determinar si estas soluciones matemáticas, fruto de estudiar ecuaciones, eran algo más que eso, si correspondían a alguna realidad material. Y si existían, ¿cómo era posible que no se las hubiera observado?

A fines de 1929 y en mayo de 1931, Dirac publicó dos nuevos trabajos en que sugería que estos hipotéticos objetos están en todas partes, que hay un incontable número de ellos ocupando las infinitas posibilidades de energías negativas, como peces en un mar sin fondo. Lo que llamamos vacío en realidad está repleto de ellos, tan lleno que para darnos cuenta habría que sacar uno y ver el agujero que queda. Es como advertir que uno está en una habitación hermética porque existe un portillo que deja pasar la luz en una de las paredes. O darse cuenta de que hay mucho ruido porque de pronto el ruido se suspende por un lapso breve. O notar que uno está sumergido en el agua, porque se produce una burbuja de aire, o más bien, de ausencia de agua.

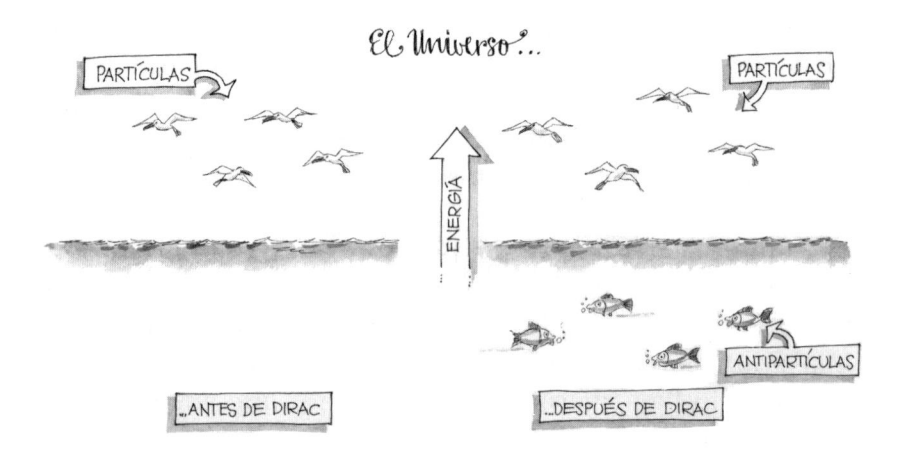

Dirac pensó originalmente que la burbujita compañera del electrón era el protón. Cuando expuso esta idea ante un auditorio que incluía a Lev Landau, acto seguido éste le envió a Niels Bohr un telegrama de una palabra que decía *Quatsch* (¡tonterías!). Pero ya en 1931 Dirac anunció que, de existir una antipartícula del electrón, debía ser en todo como éste, salvo su carga eléctrica, que sería la misma pero de signo opuesto. La realidad material de la nueva partícula fue confirmada apenas un año después, en 1932, cuando Carl Anderson detectó su presencia en medio de una lluvia de partículas cósmicas. Como nombre se adoptó el de "positrón", en atención a su carga eléctrica de signo positivo. Por su trabajo, Dirac recibió el Premio Nobel 1933.

Otro "anti", el antiprotón, fue descubierto por Emilio Segré y Owen Chamberlain en 1955, y el antineutrón sólo un poco después. Así, poco a poco nos hemos familiarizado con la realidad de la antimateria y a diario experimentamos con ella en los laboratorios. Hoy, en los grandes aceleradores de partículas como Fermilab, cerca de Chicago, se producen antiprotones, por ejemplo, a razón de un millón por segundo.

Hay total equivalencia entre partículas y antipartículas, aun cuando en nuestro universo la abundancia de cada especie no es la misma. Afortunadamente para los terrícolas, la materia predomina vastamente sobre la antimateria por razones que se desconocen. Si no fuese así, nuestra existencia no sería más larga que el tiempo que toma la aniquilación mutua entre electrones y positrones, ¡típicamente, un diez milésimo de millonésimo de segundo! Ni un suspiro siquiera.

El Arca de Noé

Si contamos las partículas de las tres familias nombradas, son sesenta. ¡Bastante! Y a este número sólo hemos llegado en las últimas décadas. Baste con notar que hace cincuenta años se conocían apenas cuatro: el electrón, el positrón (o antielectrón), el neutrino y el fotón. Es cierto que también se había ya descubierto el protón y el neutrón, que en ese entonces se creían elementales; pero hoy sabemos que son partículas compuestas, formadas por cuarcs.

Sesenta. Son muchas. ¿Todas? ¿Está completa la lista? Según algunos, sí. Según otros, no. Hay quienes creen que hay más, difíciles de ver, como la propuesta por Peter Higgs de la Universidad de Manchester, Inglaterra, y que, haciendo gala de poca imaginación hoy se la llama "Higgs" (consuelo: higón hubiese sido peor). Leon Lederman, Premio Nobel 1988, un enamorado de esta invención, escribió un libro entero, de 434 páginas, sobre esta partícula a la cual llama "*partícula Dios*". Echándolo a la broma algunos dicen que las actitudes frente a la Higgs se dividen en tres clases: los "ateos" no creen que existe, los "agnósticos" piensan que existe pero no es fundamental, mientras que el tercer grupo, los "fundamentalistas", piensa que existe y es fundamental.

Si fuese real, esta partícula no se destacaría por su abundancia en el ambiente natural que nos rodea. Para verla habría que producirla artificialmente. Como ocurre con la antimateria. El positrón, por ejemplo, es muy escaso, pues allí donde aparece, en una fracción pequeñísima de segundo se aniquila con alguno de los abundantes electrones que hay por todos lados. Aunque se presume también de muy corta vida, la dificultad con la Higgs se debe sin embargo a una razón muy distinta. Tiene una masa enorme, más de un millón de veces la del electrón. Tan grande, que producir esta partícula en el laboratorio requiere de un acelerador gigante de al menos noventa kilómetros de circunferencia. Sería una especie de supercarretera de dos vías donde viajan protones en ambas direcciones y a velocidades cercanas a la de la luz, con una energía decenas de millones de millones de veces la de los electrones en los átomos. La Higgs sería como la chispa que resulta de uno de los choques frontales en dicha carretera. El SSC (Superconducting Super Collider) fue un proyecto destinado a este fin, pero su vida fue corta, como la partícula que buscaba. Apenas se levantó un poco del suelo, el proyecto volvió a caer estrepitosamente con un artero ¡no! del Congreso norteamericano. ¿Razón? Su inmenso costo, miles de millones de dólares, el equivalente a varios hospitales. Y pasará un tiempo sin que sepamos si la Higgs existe o no.

También el gravitón, mencionado más arriba, el mensajero de la fuerza de gravedad, es hipotético. A pesar de cuidadosos experimentos, ha evadido en forma obstinada a los que lo han querido atrapar. Otra partícula elusiva es el monopolo magnético, predicha por Paul Dirac y jamás observada. Otras, todavía, son los fotinos, gominos, winos, zinos, gravitinos, scuarcs y sleptones, que según la Susi (la teoría de SUperSImetría), deberían existir, y que tampoco han sido habidas en parte alguna...

Es desconcertante que, sin contar las hipotéticas, haya aun tantas partículas elementales. Sobre todo, si se tiene presente que para sustentarnos, para construir casi todo lo que nos es esencial para la vida, bastan apenas los cuarcs apón y daunón, el electrón, el fotón, el gravitón, y algunos gomones. Con estos elementos se hacen los átomos, los ciento y tantos que conocemos, la luz y la gravedad. ¿Qué más queremos? ¿Para qué el resto? ¿Será por hacer más compleja la diversidad? En el Génesis, Noé, con sus seiscientos años y mucha sabiduría, por orden de Yahvé introduce en el Arca a su familia y ejemplares de cada especie de fieras, reptiles y aves, "*de dos en dos*". ¿Cuántos fueron en total estos animales elementales? No lo sabemos, aunque no cabe duda que fueron al menos sesenta. ¿Para qué tantos? ¿Por qué no haber aprovechado para olvidarse de las fieras, por ejemplo? Misterio. La sabiduría de Dios y la que han de dar seiscientos años de vida nos superan ampliamente...

Puntos y comas

Uno se pregunta también si no se podrá simplificar aun más el cuadro, si no habrá una forma de ver la creación como si fuera una mezcla de objetos aun más fundamentales que cuarcs, leptones y bosones de gauge. La historia muestra que cuando se descubre un objeto que parece el más básico y todos se lanzan a estudiarlo, las cosas suelen complicarse. Al aumentar la resolución de los instrumentos, al mirar con más cuidado, se ven otros objetos hasta entonces desconocidos y la complejidad crece. Siguen luego nuevas ideas, todo se vuelve simple una vez más sobre la base de otra variedad de entes que se consideran, ¡ahora sí que sí!, las unidades más básicas. Pero el proceso vuelve a repetirse una y otra vez.

Por ejemplo, hasta fines del siglo pasado las unidades básicas fueron los átomos; los elementos básicos de la química: el hidrógeno, el oxígeno, el oro, el cobre, etc. Pronto parecieron demasiados, excesiva variedad. Entonces, en 1911, se descubrió que ellos eran combinaciones de apenas tres partículas: electrones, protones y neutrones. Todo se simplificaba al bastar sólo tres elementos para armar lo que nos rodea, los sólidos, los líquidos, el aire y otros gases. Sin embargo, el estudio más detallado del núcleo atómico a partir de ese año fue mostrando la existencia de otros objetos minúsculos, como el positrón, el neutrino, el pión, el kaón, la lambda, la sigma, la omega, la eta, la xi, etc. Llegaron a ser tantos, que agotaron todas las letras de los alfabetos y se hablaba hace treinta años del "zoológico" de partículas elementales. Eran centenares. Algunas nos llegaban del cielo en la llamada "radiación cósmica" y otras surgían de los violentos choques frontales al interior de los grandes aceleradores. Enrico Fermi llegó a decir que si hubiera sabido que tenía que aprenderse el nombre de tantas partículas habría estudiado biología. La cosa se había puesto fea de verdad.

De la inicial simplicidad que ofrecía el dúo electrón-núcleo se llegó a una verdadera selva de partículas supuestamente elementales. Apareció entonces la idea de los cuarcs, con los cuales se pudo "armar" la mayoría de los ejemplares del zoológico aquél. Pero los cuarcs también resultaron bastantes y los leptones mantuvieron su número e independencia existencial, con lo cual seguimos con sesenta; quizás ya no un zoológico completo pero sí una jaula de buen tamaño.

Entonces, nos volvemos a preguntar, ¿son estos los objetos más básicos? Y en último término, si lo fuesen, ¿por qué son como son y por qué son tantos? Quisiéramos poder decir, "salen de esto", o "salen de esto y de aquello", mencionar uno o dos principios bien fundamentales, y ojalá tan simples que podamos explicárselos a un niño. La respuesta "porque Dios lo quiso así" posiblemente es la última de las últimas, pero ya pertenece al ámbito de la religión. ¿Cuál es la última que puede dar la ciencia?

Hace poco se encendió una luz de esperanza. Por ser indivisibles, las partículas elementales son como puntos en el espacio, puntos matemáticos, sin extensión. Son sesenta misteriosos puntos y la teoría que los describe es una teoría de puntos matemáticos. La nueva idea fue reemplazar esos puntos por objetos extensos, pero no como esferitas sino más bien como cuerdas. Mientras los puntos no tienen forma ni estructura, las cuerdas tienen longitud y forma, extremos libres como una coma (,), o cerradas sobre sí mismas como la letra "o". Si el punto es como una esferita inerte de chicle, la cuerda es el chicle estirado y con él se pueden hacer círculos y toda clase de figuras. Está lleno de posibilidades.

¿La longitud de la cuerda? Pequeñísima. Tan pequeña, que en proporción, su relación de tamaño con el núcleo atómico es equivalente a la de un átomo ¡con el sistema solar completo! Hemos llegado a tamaños verdaderamente pequeños. Recordemos. El núcleo era al átomo como una pulga es a un estadio; ahora una cuerda es al núcleo como un átomo es al sistema solar. En centímetros, un milésimo de millonésimo de millonésimo de millonésimo de millonésimo de millonésimo de centímetro. Uno se pregunta si a estos niveles importa la diferencia entre un punto y una coma. Según la teoría de cuerdas importa, y mucho. Por su extensión, a diferencia del punto, la cuerda puede vibrar. Y hacerlo de muchas maneras, cada modo de vibración representando una partícula diferente. Así, una misma cuerda puede dar origen al electrón, al fotón, al gravitón, al neutrino y a todas las demás partículas, según cómo vibre.

Recordemos las propiedades de una cuerda estirada, como la de una guitarra o un violín. Supongamos que produce la nota La. La cuerda se afina estirándola o soltándola, con lo cual el La se desplaza un poquito hacia el Si o hacia el Sol. Variando la tensión, varía el sonido. Otra forma de cambiar este último es variando la longitud. Si se aprieta la cuerda en su centro contra la madera del instrumento, y se hace vibrar una de las mitades, el sonido que se produce es una octava más alto, más agudo. Si luego se divide una de las mitades nuevamente en dos, apretando en su centro, el sonido será todavía una octava más arriba. Y así sucesivamente. La mitad siempre sube una octava el tono. ¿Y si en vez de dividirla en dos, o cuatro partes iguales, se la divide en tres? Entonces, el tercio suena como la nota Sol en la octava superior.

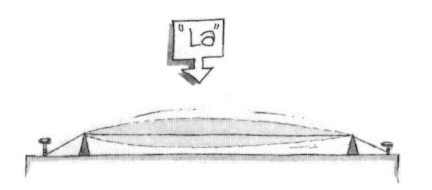

Al dividir la cuerda en dos, tres, cuatro, cinco, o más partes iguales, se generan las notas de la escala musical que conocemos, o técnicamente, los armónicos de la cuerda. En general, el sonido de una cuerda de guitarra o de piano es una mezcla de armónicos. Según la mezcla, la calidad (timbre) del sonido. Si distinguimos el tono de estos instrumentos, es por la "receta" de la mezcla en cada caso, por las diferentes proporciones con que cada armónico entra en el sonido producido. Pero, también es posible hacer que una buena cuerda vibre en uno de esos armónicos en particular, para lo cual hay que tocarla con mucho cuidado. Los violinistas lo saben, y en algunas obras como los conciertos para violín y orquesta de Nicolo Paganini, usan este recurso de "armónicos". Así, la naturaleza, con su gran sabiduría y cuidado para hacer las cosas, produciría electrones, fotones, gravitones, haciendo vibrar su materia más elemental, esa única y versátil cuerda, en las diversas (infinitas) formas que la cuerda permite.

De sesenta a una. De . . . . a quizás sólo (,) u (o). Vaya progreso. Entonces, ¿por qué seguir hablando de electrones, fotones, cuarcs, y las demás? Buena pregunta. Para que una teoría sea adoptada como la mejor, debe pasar varias pruebas. No basta con que simplifique los esquemas y sea bella. La teoría de las cuerdas está en su infancia y ha mostrado ser enfermiza. Surgen problemas, y se la deja de lado; se solucionan los problemas y una avalancha de trabajos resucitan la esperanza. En sus menos de veinte años de vida, este vaivén ha ocurrido más de una vez.

Un problema serio que aqueja a la cuerda está ligado a su pequeñez. Mientras más pequeño algo, más difícil de ver. Y estas supercuerdas, como se las llama en sus versiones más recientes, son tan superpequeñas que no hay esperanzas de hacer experimentos que nos acerquen a sus dimensiones. Sin experimentos no podemos comprobar sus predicciones ni saber si son correctas o no. Exagerando, es como una teoría que afirmara que Dios tiene barba. ¿Quién la consideraría seriamente?

También hay problemas con los conceptos mismos. Por ejemplo, para formular la teoría de cuerdas se necesitan 26 o, en el mejor de los casos, 10 dimensiones: espacio (son 3), tiempo (1) y otras seis (o 22) más, que parecen estar enroscadas e invisibles para nosotros. Por qué aparecieron estas dimensiones adicionales a las cuatro que nos son familiares y por qué se atrofiaron en algún momento, no lo sabemos. También, la teoría tiene decenas de miles de alternativas aparentemente posibles que no sabemos si son reales, si corresponden a miles de posibles universos distintos, o si sólo hay una realmente posible. Algunas de estas versiones predicen la existencia de 496 fuerzones, partículas como el fotón, que transmiten la fuerza entre 16 diferentes tipos de carga como la carga eléctrica. Afirmaciones como éstas, no comprobables por la imposibilidad de hacer experimentos, plagan la teoría de cuerdas. Para consolarse, hay quienes afirman que estos problemas surgen porque esta teoría se adelantó a su tiempo, fue hallada por accidente, y no existe aún el aparataje matemático para formularla adecuadamente.

Otro intento de simplificar las cosas, más matemático y abstracto, es el de los principios de simetría. Hay una simetría cuando se le hace algo a un objeto sin que éste cambie. Por ejemplo si usted lleva este libro de una habitación a otra de su casa, su texto sigue siendo igual de bueno o malo. Hay una simetría de contenido ante el desplazamiento del libro. Si lo invierte ya no se podrá leer fácilmente, pero la forma externa no ha cambiado: es una simetría de forma ante un medio giro. Si lo deja de leer ahora y lo retoma mañana, tampoco hace diferencia en el contenido, de donde se desprende una simetría con respecto a cambios en el tiempo.

Simetrías como éstas parecen tener mucha profundidad en la naturaleza, y de ellas se desprenden leyes tan fundamentales como la conservación de la energía. De hecho, existe un antiguo e importante teorema que enunció, en 1918, Emmy Noether. Ella demostró que hay una relación entre simetrías continuas y leyes de conservación de alguna magnitud básica. Simetrías continuas son las que resultan de operaciones sin restricción de magnitud. Por ejemplo, si en vez de girar este libro en media vuelta lo rota un poquito, o un cuarto de vuelta, o algo diferente a media vuelta o vuelta entera, su contorno ya no se ve igual: no es una simetría continua. Importa la magnitud del ángulo de giro. Un plato, en cambio, se puede girar en cualquier ángulo, y su contorno se ve siempre igual; hay una simetría continua. La simetría de contenido que se deriva de desplazar el libro es continua, pues no importa que lo lleve al cuarto del lado, lo mueva un centímetro, o casi nada: el libro siempre sigue igual. La conservación de la energía, esa magna e inamovible ley descubierta el siglo pasado y enriquecida por Einstein con su emececuadrado es, por ejemplo, una consecuencia de la simetría continua de atrasar o adelantar (en el tiempo) todo lo que ocurre en el Universo. Versiones más abstractas del teorema de Noether permiten deducir la conservación de la carga eléctrica, y la existencia de algunos mensajeros de las fuerzas.

Fantasmas en las esquinas

Lo cierto del caso es que, a pesar de algunas luces y pequeños éxitos, por ahora lo único firme y coherente es que el mundo se puede armar a partir de 60 objetos puntuales cuyo origen desconocemos. Si se alcanzara algún día el objetivo de obtener *todas* las partículas y sus propiedades a partir de principios de simetría o de alguna cuerda única, por ejemplo, habríamos encontrado un nuevo nivel donde se concentra lo más elemental. Ya no serían los átomos, ni tampoco las partículas puntuales mismas, sino las simetrías o la cuerda. ¿Habríamos terminado? Es más que probable que no, pues nos preguntaríamos entonces de dónde salen esas simetrías o esa cuerda, y con alta probabilidad su estudio en detalle nos mostraría que en realidad hay más complejidad que la que aparecía a simple vista. La historia (¡la sabia historia!) muestra que este es un cuento de nunca acabar, y pareciera que cada vez que simplificamos las cosas, nuevos niveles de complejidad aparecen como fantasmas que están siempre acechándonos a la vuelta de cada esquina.

Si en el ámbito de los objetos primarios con los cuales están hechas las cosas hay diferentes niveles donde situarse, también los hay en las teorías mismas que describen su comportamiento. Por ejemplo, la vieja mecánica de Isaac Newton es una maravilla que explica un ámbito vastísimo de la realidad. La electrodinámica, que formuló James Clerk Maxwell con gran elegancia, es otro portento que unifica la electricidad y el magnetismo, y abarca una inmensidad de fenómenos en este ámbito, incluida la luz. Son teorías fabulosas y de gran valor estético. Tan hermosa es la teoría de Maxwell, por ejemplo, que de tiempo en tiempo aparecen verdaderos fanáticos vistiendo una camiseta con la inscripción "Y Dios dijo", no seguido de "hágase la luz", sino de las cuatro ecuaciones de Maxwell. Sin embargo, estas teorías son sólo aproximaciones con un ámbito propio, particular, de aplicabilidad. Más tarde surgieron la teoría de la relatividad de Einstein y la mecánica cuántica, también hermosas y sorprendentes conquistas, que alcanzan niveles aun más básicos y amplios que sus predecesoras. ¿Son teorías finales? No lo sabemos aún.

¿Hemos ganado al fin algo al ir, en constituyentes básicos o en teorías que describen su comportamiento, de un nivel a otro más fundamental? Desde luego que sí. Nadie puede negar la importancia que ha tenido en biología el descubrimiento de la célula y lo que hemos aprendido sobre ella. O, para entender gases, líquidos y sólidos, el descubrimiento del átomo. O, para entender las estrellas y la historia del Universo, el descubrimiento del protón y el neutrón. En cada nivel de tamaños hay un piso básico, elemental, que sirve como alfabeto para construir la riqueza que de allí hacia arriba percibimos. Descubrir ese piso, levantar la alfombra que lo cubre, ha sido históricamente un progreso siempre notable y fecundo.

CAPITULO 3
EL PEGAMENTO

Una de las primeras cosas que aprenden los niños a hacer con sus manos es a pegar objetos. Resinas vegetales y ceras de abeja se han utilizado como adhesivos desde tiempos prehistóricos. Los antiguos egipcios sujetaron y decoraron sus muebles con pegamento de origen animal. Cuando hoy se nos rompe algo, un poco de epoxy, poxipol o cola fría nos saca del apuro. Usamos estos extraños materiales con la mayor naturalidad, sin pensar que su acción adhesiva deriva de las mismas fuerzas que hacen posible la infinita diversidad que vemos a nuestro alrededor. Ni las piedras, ni el aire, ni el agua, ni las flores, ni animal alguno podrían formarse si electrones y protones no se atrajesen en el átomo. O si los cuarcs no estuvieran unidos por invisibles elásticos en el interior del núcleo. Tampoco existirían el Sol ni las demás estrellas, ni el sistema solar ni la Tierra, esta especie de carruaje que nos lleva por los cielos, si no hubiese atracción entre los objetos que tienen masa.

Hasta donde sabemos, la cohesión que hace todo esto posible se origina en cuatro fuerzas fundamentales. Ellas son la *gravitacional,* que forma estrellas y agujeros negros y mantiene unido nuestro sistema solar, la *eléctrica* que forma los átomos, la *fuerte* que forma los núcleos atómicos y la *débil* que produce la radioactividad. Cada una tiene su importancia en el mundo que habitamos y sin una de ellas todo sería muy diferente, si es que fuese del todo…

La manzana de Newton

Dicen que dicen, que Isaac Newton contemplaba la Luna bajo un manzano cuando de pronto, ¡zas!, una manzana cayó al suelo. No sobre la cabeza de Isaac, como dicen algunos que dicen que dicen, sino directamente al suelo. Si todo cae, pensó, ¿por qué entonces la Luna no? ¿Qué tiene de especial este espejo de los enamorados? Si fuese el fruto de un árbol gigantesco y un ángel cortara el tallo que la sostiene ¿caería también la Luna?

Como es difícil hacer cosas con la Luna en la práctica, hagámonos preguntas más bien sobre la manzana de un manzano común y corriente. Por ejemplo, ¿podemos colocarla en órbita alrededor de la Tierra? Veamos. Si imaginamos que un ventarrón la tira del árbol, no va a caer verticalmente sino un poco más allá, en la dirección del viento. Si el ventarrón es más fuerte, cae más lejos. Aumenta y aumenta la velocidad del viento y la manzana llega más y más lejos. Observando esto nos entusiasmamos, tomamos la manzana y la lanzamos con más fuerza todavía, con lo que llega más lejos aún. Tan lejos, que supongamos que tirándola hacia el Norte desde la cumbre del monte Aconcagua, en la Cordillera de los Andes, llega al Lago Titicaca en Perú. Aumentamos aun más la velocidad inicial y llega a República Dominicana, o Canadá, o Groenlandia. O, siempre lanzándola hacia el Norte podría llegar, dando la vuelta vía Indonesia, al Polo Sur, a Tierra del Fuego ¡o a la misma cumbre del cerro Aconcagua donde inició su viaje!

O... seguir, seguir, sin tocar el suelo, dando dos, tres o más vueltas completas alrededor de la Tierra, como lo hace la Luna. De hecho, bastaría que se moviera a poco menos de treinta mil kilómetros por hora (28.444 km/hr) para que quedara en órbita. Si no hubiese aire que la frene, eso sí; pues el roce con el aire afortunadamente impide que haya manzanas en órbita a la altura de nuestras narices. Podría haberlas sin embargo fuera de la atmósfera, y no sería raro que cáscaras de manzana estén ahora mismo girando por ahí, producto de algún astronauta nostálgico que peló y comió distraídamente su manzana para luego tirar los restos al espacio...

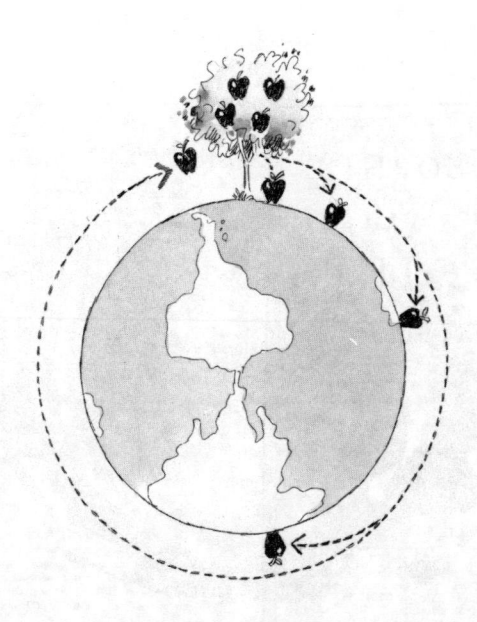

Newton advirtió que la Luna, la manzana, Júpiter o el Sol están todos sometidos a una fuerza entre ellos que depende sólo de la distancia y de la masa de los objetos. Si por ejemplo la Tierra estuviese al doble de la distancia del Sol, la fuerza que la mantiene orbitando disminuiría a la cuarta parte. Si, por otro lado, duplicáramos su masa, se duplicaría también la fuerza.

El descubrimiento de esta ley le permitió unificar en forma casi milagrosa la enorme diversidad de órbitas que se observan en el cielo: la de los planetas en torno al sol, las lunas que giran en torno de planetas como la Tierra o Júpiter, las fugaces visitas de los cometas. Sus ideas aparecieron en 1686 en el libro *Philosophiae Naturalis Principia Mathematica*, escrito en latín y difícil de leer, no tanto por el idioma mismo como por sus aspectos técnicos, por la abundancia de complicados argumentos geométricos.

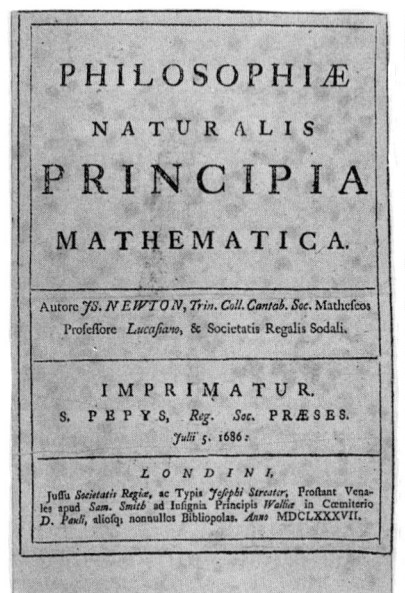

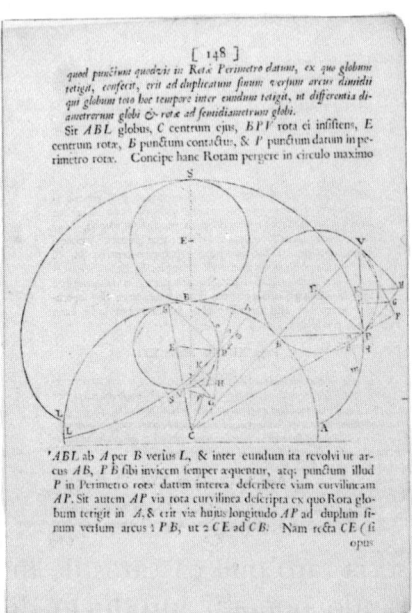

Es la famosa teoría de gravitación de Newton. Todo atrae a todo. Entre los ejemplos que usa para ilustrar el poder de su teoría de gravitación, se encuentra la primera explicación correcta de las mareas, ese subir y bajar de la inmensidad del océano que dejó perplejos a tantos desde la antigüedad. Imaginó Newton un canal con agua rodeando la Tierra, y demostró que bastaba la atracción de la Luna sobre sus aguas para producir la característica doble oscilación diaria que se observa en los grandes mares. Cuando el libro fue presentado al rey James II, Sir Edmund Halley, gran admirador de Newton, acompañó una carta en que explicaba en lenguaje sencillo la teoría de las mareas. El escrito fue luego publicado bajo el título *La Verdadera Teoría de las Mareas*, y constituye un ejemplo temprano y bien logrado de divulgación científica.

En su libro Newton también hace notar que la Tierra, por su rotación diaria, debe ser como una esfera achatada en los polos. El efecto es difícil de medir, por su pequeña magnitud: apenas hay una diferencia de 43 metros entre los diámetros ecuatorial y polar. Fue comprobado cinco décadas después por mediciones que realizaron expediciones especiales enviadas de París a Finlandia y Perú.

Las ideas de este genio inglés explican también algunas cosas que intrigan a los niños (a los grandes que perdieron su capacidad de asombro no les llaman la atención). Por ejemplo, permite entender cómo asiáticos y americanos pueden convivir sobre el planeta con sus cabezas apuntando al cielo en direcciones opuestas, o por qué un vaso cae al suelo si no tiene apoyo, y se quiebra. Es una inmensa variedad de aconteceres reducida a una sola ley, una sola ecuación. Es una síntesis fenomenal, quizás la más grande que conozca el género humano.

No sabemos si la anécdota de la manzana es verdadera o no lo es. Ilustra, en todo caso, la forma inesperada como aparecen las ideas, sean éstas modestas o geniales. Andar tras la inspiración creativa es como buscar un objeto perdido, las llaves de la casa, por ejemplo. Uno las busca y las busca, sin resultado. De pronto, cuando ya no las está buscando, aparecen. A este respecto, Albert Einstein dijo una vez que "*la invención no es producto del pensamiento lógico, aun cuando el producto final está asociado a una estructura lógica*". El mismo Einstein relata que luego de pensar y pensar infructuosamente un año entero el eslabón clave que faltaba para armar su teoría de la relatividad, se le ocurrió inesperadamente, mientras conversaba con su amigo Michele Angelo Besso, colega de la oficina de patentes en Berna, Suiza.

Según Newton, los objetos se atraen por acción de la fuerza de gravedad siempre que tengan masa. Sin ir más lejos, entre mi lectora y este libro hay una atracción, aunque pequeñísima por lo reducido de las masas. Si logro que el texto crezca hasta ocupar suficientes páginas para juntar unos respetables 600 gramos (no lo sé aún, porque recién me ocupo del capítulo tercero), su masa sería todavía una diez millonésima de millonésima de millonésima de millonésima de la masa de la Tierra. La fuerza "libro-lectora" es menor que la fuerza "Tierra-lectora" en la misma proporción, y por eso ella está ahora tan cómoda y mantiene sin esfuerzo a distancia este atrevido escrito. Claro que si estuvieran solos en el espacio sideral, y sólo hubiera un lector y su libro flotando a 40 centímetros de distancia, éste se acercaría un centímetro en unas horas, lento pero seguro. Luego de una paciente espera, en el tiempo que toma leerlo, mi lectora tendría al libro encima, gracias a la mutua atracción gravitacional de que son objeto.

De elefantes y neutrinos

Masas atraen a masas. Bien, pero ¿de dónde sale esta cosa tan extraña, la masa? No lo sabemos a ciencia cierta. Los planetas la tienen, porque están hechos de electrones, protones y neutrones. Los protones y neutrones tienen masa porque están hechos de cuarcs; los cuarcs tienen masa porque... bueno, aquí se detiene esta cadena de "porques". Ojalá supiéramos de donde vienen las masas de los cuarcs, cuyos valores no parecen tener ninguna relación unos con otros. Por ejemplo, para completar la masa del cuarc topón se necesitaría sumar la masa de unos doscientos mil electrones, mientras que completar la del botón sólo requiere de aproximadamente diez mil.

¿Por qué esos números? Misterio. Si a uno le dicen que para hervir el agua hay que calentarla hasta cien grados Celsius, eso se entiende bastante bien en términos de moléculas que se mueven de un lado para otro, que aumentan su velocidad con el calor. En cambio, si le dicen que para formar un electrón, un topón o un botón se necesitan estas masas y no otras, eso no se comprende. Al menos... por ahora.

Sea por lo que sea, los cuerpos tienen la masa que tienen. ¿Sabemos entonces sus valores? Sí, salvo en un caso: el del neutrino. Difícil de medir, todo lo que sabemos es que de tener masa, sería muy pequeña. Hasta ahora no ha habido ningún experimento decisivo que distinga entre ese diminuto valor y cero. Esta observación merece un breve comentario aparte.

Siempre que decimos que algo vale cero (cuando esto no es obvio), debiéramos decir, más bien, que su magnitud está por debajo del mínimo valor que ha podido medirse. Por ejemplo, afirmar que hay cero elefantes recostados sobre este libro no es cuestionable. Afirmar, en cambio, que no hay estrellas en el cielo en determinada dirección por el sólo hecho que no las veo a simple vista, no es prudente. Sólo puedo decir que yo no veo ninguna. Es casi seguro que si uso un catalejo o un telescopio aparecerán varias. Y si usando el telescopio encuentro un sector más pequeño donde no se ven estrellas ¿puedo decir entonces que *allí* no las hay? Tampoco; sólo puedo afirmar que con ese telescopio no las veo. De hecho, cualquier astrónomo bien informado jamás diría que no hay nada en algún sector del cielo, pues ¡sabe que hay materia oscura que no se ve ni con los mejores telescopios! Entonces es cauto y, teniendo presente la potencia de su telescopio, dice que si hubiera estrellas, su luminosidad (brillo intrínseco) sería menor que tanto (valor dictado por la sensibilidad del instrumento que usó).

Algo similar ocurre con los neutrinos. La incertidumbre sobre su masa ha incitado en los últimos años a numerosos grupos de investigadores a medirla. De tanto en tanto, algún grupo anuncia que ha medido una masa diferente de cero. Por ejemplo, en 1985, John Simpson, basado en sus experimentos con tritio (núcleo atómico formado por un protón y dos neutrones), propuso para el neutrino electrónico una masa de un treintavo de la masa del electrón. En menos de seis meses sin embargo, cinco grupos diferentes cuestionaban la proposición de Simpson, argumentando que en sus laboratorios no se reproducía esa evidencia. Seis años después, cuatro nuevos experimentos parecían darle la razón a Simpson, mientras otro afirmaba descartar la sugerencia con un noventa y nueve por ciento de certeza.

Proposiciones como la de Simpson parecen chisporroteos en un fuego que no logra prender. ¿Por qué tanto interés en el tema? La masa del neutrino es importante, porque estas partículas son numerosísimas en el Universo. Para tener una idea aproximada, basta saber que mientras se lee esta frase atraviesan el cuerpo del lector (sin dejar rastro, no asustarse), un millón de millones de neutrinos provenientes del Sol (esta estrella produce unos doscientos sextillones de neutrinos cada segundo, un dos seguido de 38 ceros). Aun cuando se necesitaran treinta para juntar la masa de un solo electrón, los neutrinos son tantos, pero tantos, tantos, tantos, que por pequeña que sea esa masa, ella bastaría para explicar la materia oscura del Universo, uno de los grandes misterios de la cosmología actual. Además, su masa podría ser causa de que el Universo un día deje de crecer y comience a achicarse, como nos pasa a los humanos, sólo que, en el caso del cosmos, no sería la vejez sino la atracción gravitacional interna la causante del cambio.

Es probable que algún día sepamos si el neutrino tiene masa o no la tiene, y quizás hasta se haga realidad el sueño de obtener la masa de todas las partículas a partir de algún principio fundamental. Como avanzamos paso a paso, sólo podemos continuar a la espera de que alguien de pronto descubra estos secretos que la naturaleza esconde con tanto celo.

El gusano en la manzana... ¿o mariposa?

Aparte de especificar cómo se atraen los cuerpos con masa, Newton nos legó una fórmula matemática para averiguar su trayectoria cuando actúan esa u otras fuerzas. Es la famosa "segunda Ley de Newton" que dice "efe igual eme por a ($F=m \cdot a$)".

Fuerza igual masa por aceleración. Herramienta poderosa para contestar con precisión preguntas como las siguientes: ¿qué órbitas son posibles para planetas y cometas ante la atracción del Sol? ¿Qué curva describe en el aire el ombligo de un bañista que se tira a la piscina desde un tablón? ¿Qué ángulo tiene que darle un futbolista a la pelota para que llegue lo más lejos posible? O, si el Sol y su séquito de planetas giran a novecientos mil kilómetros por hora en torno al centro de la galaxia, distante doscientos cuarenta mil billones de kilómetros, ¿cuál es la masa contenida en el interior?, etc. (Respuestas: las órbitas posibles son las que se forman por la intersección de un plano con un cono: el círculo, la elipse y la hipérbole; la curva del ombligo del bañista es una parábola; el ángulo es de 45 grados si dejamos fuera el freno del aire; la masa es de unas cien mil millones de masas solares, etc.)

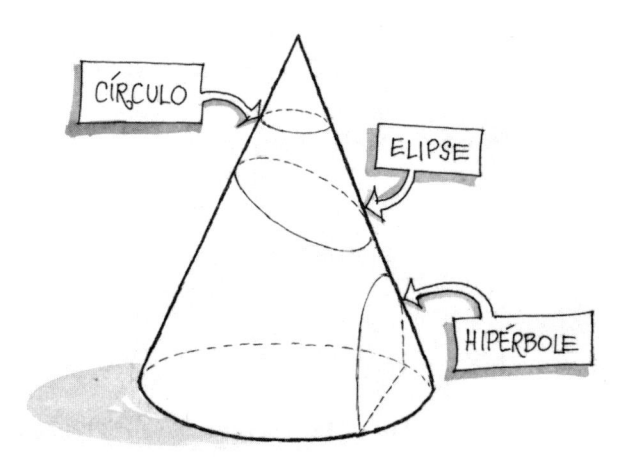

O, ¿con qué velocidad debo lanzar un cohete hacia arriba para que se escape de la Tierra y no vuelva? Curiosamente, la respuesta a esta última pregunta no depende de la masa del cohete. Una pulga, una manzana, un elefante o una nave espacial deben alcanzar la misma velocidad para escapar de las garras del planeta madre: cuarenta mil trescientos kilómetros por hora. Si es menos, el objeto vuelve a la Tierra. Si es más, se escapa para siempre. Por supuesto que, escapándose de la Tierra, el elefante en fuga puede ser atrapado por la atracción de otro planeta o del mismo Sol. De hecho, controlando cuidadosamente la velocidad en cada momento, fue posible enviar, gracias a lo que nos enseña esa famosa segunda ley, una nave espacial no tripulada a Marte, la que aterrizó con metros de precisión en un lugar predeterminado el 28 de mayo de 1971. O recorrer Júpiter, Saturno, Urano y Neptuno, como lo hicieron las naves Voyager en 1977.

Y la luz, ¿puede escaparse? La pregunta la hacemos porque la luz es distinta, se dice que no tiene masa, y por tanto la segunda ley parece no funcionar. Que escapa está claro, pues si no fuese así no veríamos ni la Luna, ni el Sol, ni cuerpo alguno en el espacio, ¿verdad? Pero, ¿podemos *atraparla* entonces?

En sus estudios sobre el electrón, Hendrik Antoon Lorentz descubrió a principios de siglo que la masa de esa partícula no es la misma si está quieta o en movimiento. Fue una sorpresa, ya que en el acontecer de la vida diaria no hay indicios de que la masa de un cuerpo varíe. Un pájaro volando ¿tiene más masa que uno en el nido? Una manzana de 200 gramos ¿tiene mayor masa cuando se mueve? Así es. A 10 kilómetros por hora, su masa resulta cerca de un cienmillonésimo de millonésimo de gramo mayor que cuando está inmóvil, algo quizás insignificante, imposible de detectar. Sin embargo, si se moviese a nueve décimos de la velocidad de la luz, la masa nos parecería más del doble. Y si la velocidad es el noventa y nueve coma nueve por ciento de la velocidad de la luz (1.078.173.594 km/hora), sería *para nosotros* veintidós veces más masiva. Quiero subrayar que sólo lo *sería para nosotros,* para los que la vemos pasar (suponiendo que la vemos pasar, a pesar de la enorme velocidad), pues para el gusano adentro, la manzana está quieta, y para su estómago sigue siendo una mera manzana de doscientos gramos. El asunto tiene que ver con el movimiento relativo. Para uno la manzana pasa, ¡zum!, pero para el gusano pasa uno !*muz*¡ (en la dirección opuesta) y es el humano en cambio el más gordito. Si la velocidad relativa es el noventa y nueve coma nueve por ciento de la velocidad de la luz, el gusano no me vería de setenta kilos, sino ¡de tonelada y media!

¿En qué quedamos entonces? ¿Cual es la masa de un electrón, por ejemplo? Bueno, esto ya es materia de definición. Si uno quiere usar lenguaje técnico, distingue entre "masa en reposo" y "masa en movimiento" de un objeto. La primera es una especie de masa intrínseca, que no cambia mientras el electrón sea electrón: es toda su masa cuando el electrón está quieto. La segunda, siempre mayor que la masa en reposo, tiene un agregado que aumenta progresivamente con la velocidad.

La masa en movimiento se agranda y se agranda sin límites a medida que la velocidad se acerca más y más a la velocidad de la luz. A la velocidad de la luz misma, podemos decir que es infinita (mayor que lo más grande que uno pueda concebir). En los inmensos aceleradores de partículas que hay en USA (Fermilab) o Suiza (CERN), los protones se aceleran hasta que su velocidad roza la de la luz, impedidos de alcanzarla por este crecer más y más de su masa. De acuerdo con ello, pensamos que las partículas con masa nunca pueden viajar a la velocidad de la luz. Hasta ahora sólo conocemos objetos que lo hacen a velocidades menores, aunque Gerald Feinberg, en 1967, propuso que quizás existan partículas con velocidades superiores a la de la luz, los llamados "taquiones". Para ellas la de la luz seguiría siendo una velocidad límite, pero un mínimo, no un máximo. Sin embargo, no sabemos si en realidad existen, pues nunca se logró detectar un taquión.

Si nada puede viajar a la velocidad de la luz, *¿cómo lo hace la luz misma?* El secreto está en que su masa en reposo es nula. La masa en movimiento llega a ser infinita a la velocidad de la luz sólo si la masa en reposo no es cero. Si ésta es cero, en cambio, no hay problema para que una partícula tenga esa velocidad.

La teoría de Lorentz de la masa era incompleta. Einstein nos enseñó a interpretar correctamente el concepto de masa variable. En 1905 propuso que (en sus palabras) "*la masa de un objeto es una medida de la energía que contiene*". Unas décadas antes, James Joule había establecido la equivalencia entre el calor y la energía propia del movimiento. Aunque hasta entonces no se conocía la relación entre ellos, calor y movimiento empezaron a verse como dos formas de una misma cualidad. El calor de una estufa eléctrica proviene en parte de la radiación que emite su calefactor y en parte del choque de los electrones que circulan por él, con los átomos que lo forman, haciendo vibrar a estos últimos cada vez con mayor amplitud. El color rojizo que adquieren las cosas muy calientes es una manifestación de este vibrar frenético, es energía en forma de luz que sueltan las vibraciones al medio ambiente. Los átomos del calefactor, a su vez, chocan con las moléculas del aire, aumentando su velocidad. Si ponemos las manos cerca, estas veloces moléculas chocan con los átomos de la superficie de nuestras manos haciéndolos vibrar más fuertemente, movimiento que afecta las terminaciones nerviosas y finalmente percibimos la sensación de "calor".

Asimismo, calentar agua no es más que transferir movimiento de los iones de una llama a los átomos del metal de la olla, y de éstos, a las moléculas de agua. En el termómetro con que nos tomamos la temperatura del cuerpo, el mercurio se dilata porque vibran sus átomos. Al subir la temperatura, la vibración tiene cada vez mayor amplitud necesitando más espacio, y hace que el mercurio se agrande.

El calor es "energía de movimiento", y la temperatura no es otra cosa que una medida de su "cantidad" en un cuerpo complejo. Después de Joule, vemos al calor como una forma más de energía. Después de Einstein, vemos también la masa como una forma de energía, transformable en calor o en movimiento. De esta enseñanza de Einstein surgieron los reactores nucleares para generar energía eléctrica, y las temibles bombas que tanta angustia han causado a la humanidad en las últimas décadas.

Ya que nos hemos referido a la variación de la masa con la velocidad no resisto la tentación de hacer una breve digresión y mencionar dos efectos sorprendentes que aparecen en la teoría de la relatividad. Así como la masa crece con la velocidad, las distancias se acortan y los intervalos de tiempo se agrandan. Por ejemplo, si mi lector pasa frente a la librería a doscientos sesenta mil kilómetros por hora este libro le parecería la mitad del tamaño que alega el librero que tiene. Si por otro lado la manzana con su gusano pasan dos veces ante mí al 99,9 por ciento de la velocidad de la luz, mientras para ellos transcurre una plácida y alegre semana, para mí habrán transcurrido 22 y el gusano ¡será una mariposa la segunda vez! ¿Cómo puede ser esto? El gusano se mira y se ve todavía orgullosamente gusano. Yo en cambio lo miro y lo veo mariposa. ¿Es mariposa y gusano a la vez? Curiosa paradoja que dejo planteada como un abreapetito para que mi lector se aventure en otras lecturas de este tema fascinante, cuyos detalles escapan las posibilidades de breve paseo por el sendero que juntos estamos recorriendo.

La danza de Mercurio

Newton y Einstein, Einstein y Newton. Son dos nombres que van juntos en la historia de las ideas, dos figuras geniales. Dos seres que, siempre a partir de los hechos, de lo que uno ve a su alrededor, desarrollaron teorías sorprendentemente hermosas y eficaces. Dos personas que creyeron en la existencia de una verdad y la buscaron en la soledad de su intelecto y con la fe de que la naturaleza está misteriosamente sometida a la lógica y a la razón. Por lo demás, es lo que procuramos los que trabajamos en estas cosas, sólo que

Einstein y Newton, Newton y Einstein... lo hicieron mejor que nadie.

¿Suerte? Es cierto que la tuvieron, que vivieron en tiempos especiales que clamaban por que se hiciese lo que hicieron; pero esto no basta. No sólo se necesita estar bien ubicado en la historia y tener talento matemático sino que además se requiere la habilidad para elegir problemas importantes, y la pasión y perseverancia para buscar duramente su resolución. Sabemos que lo hicieron *ellos* y no otros, porque fueron en su tiempo los mejores. ¿Unicos en la historia? No, quizás algún niño de hoy arme mañana un buen trío con ellos. ¿Por qué no?

La teoría de la relatividad especial es una formulación de las leyes de movimiento de los objetos que incorpora en forma natural las diferencias que se perciben sobre masas, distancias y tiempos cuando unos se mueven respecto de otros. La mecánica de Newton (sus famosas tres leyes) se obtiene de esa teoría cuando las velocidades son pequeñas en comparación con la de la luz. Es una aproximación excelente en la mayoría de los casos; por ejemplo, para que sea de apenas un uno por ciento, la velocidad relativa entre el que observa y el sistema en que ocurren las cosas debe ser un séptimo de la velocidad de la luz (más de ciento cincuenta millones de kilómetros por hora, ¡harto grande!). Cuando uno quiere saber cómo se mueve algo, siempre trata de usar primero las leyes de Newton, porque las ecuaciones a que dan origen (como $F=m\cdot a$) son a menudo más simples de resolver. En cambio, cuando el movimiento es muy rápido, es *necesario* acudir a la teoría de la relatividad especial, para obtener lo que se llama efectos relativistas. Cuando además actúa la fuerza gravitacional, la teoría sufre nuevas modificaciones, que se encuentran en la teoría general de la relatividad, también propuesta por Einstein en 1915. Estas modificaciones dan lugar a efectos importantes.

Uno de estos efectos es el extraño comportamiento del planeta Mercurio, el más cercano al Sol y el más veloz (se mueve casi dos veces más rápido que la Tierra, con una velocidad algo mayor que un diezmilésimo de la velocidad de la luz). Según las ecuaciones de Newton, al girar en torno al Sol los planetas deben dibujar una elipse (un círculo achatado) inmóvil en el espacio. Sin embargo, la elipse asociada a Mercurio no está fija sino que rota en la misma dirección en que se mueve el planeta, aunque a una velocidad pequeñísima (unas treintamillonésimas de círculo, 42,98 segundos de arco más precisamente, cada cien años). Es como si una hormiga se moviese sobre un huevo, el cual a su vez girara en la dirección en que avanza la hormiga.

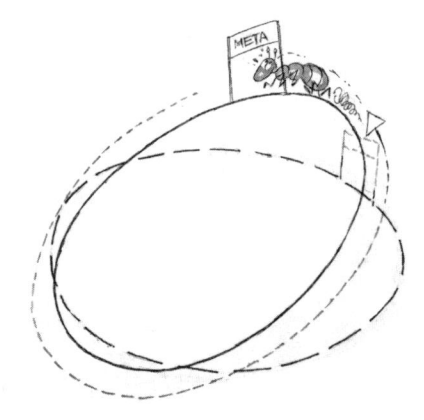

Urbain Jean Joseph Leverrier, descubridor del planeta Neptuno, ya había encontrado la anomalía en 1859, más de cincuenta años antes que Einstein completase su teoría. Hubo intentos por explicarla que, al decir del mismo Einstein, estaban *"basados en hipótesis de escasa probabilidad, inventadas sólo con ese propósito"*. Por ejemplo, quizás inspirado por la historia de Neptuno, alguien sugirió la existencia de un planeta desconocido muy cercano, el que sería responsable de los extraños movimientos de Mercurio. Aunque la idea entusiasmó al punto de recibir el misterioso cuerpo su propio nombre, Vulcano, nunca fue encontrado en los cielos y pasó a la historia como un fantasma. Sin embargo, como don Alberto demostró, la teoría de la relatividad predice con exactitud la anomalía, tal cual como se observa. En su época las mediciones daban como más probable el valor de 45 segundos de arco. Los cálculos de Einstein dieron 43 segundos, que se diferencia en sólo 5 diezmilésimos del preciso valor que se acepta hoy, mencionado más arriba. Cuando obtuvo su resultado en noviembre de 1915, como dice en una carta a Paul Ehrenfest, "*por algunos días estuve fuera de mí de alegría y excitación*". A otro amigo (Adriaan Fokker) le dijo que el descubrimiento le había dado palpitaciones al corazón. ¡Tendrá que haber sido una impresión grande!

Para que una teoría sea aceptada por la escéptica comunidad científica, tiene que cumplir al menos una de las siguientes exigencias: ser claramente más bella que las existentes, ser capaz de explicar cosas importantes que no se entienden, o predecir algo insólito, que luego es confirmado. La teoría de la relatividad de Einstein cumplió los tres criterios. El primero, el de su belleza, es apreciado en su incomparable esplendor por unos pocos, por quienes conocen la teoría por dentro, su formulación matemática y conceptual. El segundo lo proporciona la anomalía de Mercurio, que ya comentamos. En el tercer criterio, Einstein brilló como pocos en la historia de la ciencia.

Hasta 1907 se daba por descontado que la luz se propaga en línea recta en el vacío, aun cuando cerca haya objetos masivos. Se sabía que rebotaba al llegar a la superficie de los metales y que se desviaba al penetrar el vidrio; pero a la distancia no sentía la cercanía de otros objetos. El fotón no tiene masa, y la fuerza gravitacional, en la teoría de Newton, exige que la tenga para hacerse sentir. Consecuentes con esta supuesta indiferencia de la luz ante la gravitación, los cálculos de astrónomos y fabricantes de anteojos y telescopios ignoraron por más de dos siglos la presencia de cuerpos con masa en las cercanías de un rayo de luz. También conforme al concepto de propagación rectilínea, cuando miramos el cielo por la noche, las estrellas que observamos estarían, en el momento de emitir su luz, precisamente en la dirección en que las vemos ahora. Pues bien, Einstein propuso ese año de 1907 que estas suposiciones no son correctas si la luz pasa cerca de algo masivo. El objeto desvía el rayo, como si fuese una especie de lente gravitacional. La luz tiene energía, ésta no se diferencia de la masa, y por tanto la luz es afectada por la gravitación, es atraída por objetos masivos.

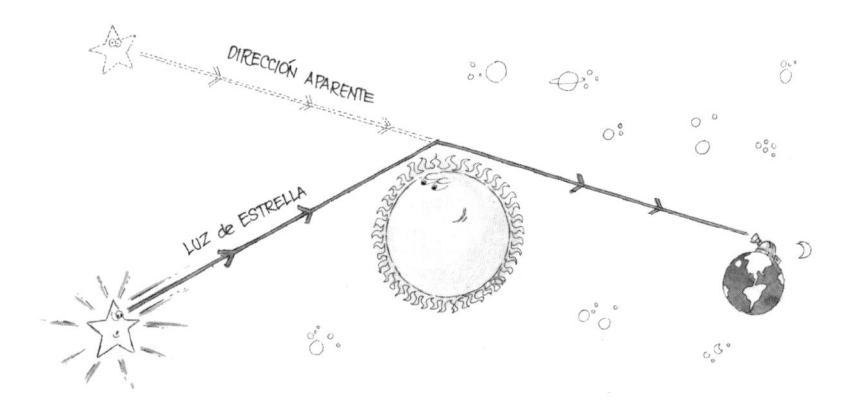

En particular, aplicando su idea, predijo en 1916 que si la luz de una estrella pasa rozando la superficie del Sol, se desvía 1,7 segundos de arco, un ángulo pequeño. Tan pequeño, que medirlo es equivalente a distinguir la extensión de una abeja a un kilómetro de distancia. Einstein desafió a los astrónomos a medirlo, aprovechando el eclipse total de Sol que ocurrió el 29 de mayo de 1919. Puesto que durante un eclipse el disco solar queda cubierto por la Luna, se nos hace de noche y la luz rasante de las estrellas detrás del Sol puede llegar a distinguirse, y, si se desvía, esa alteración, medirse. Dos expediciones fueron enviadas a los lugares en que el eclipse se vería mejor: Sobral en Brasil, y la Isla Príncipe, en Africa. El análisis de los datos ocupó algunos meses y el anuncio de los resultados sólo se hizo el 6 de noviembre de ese mismo año: se había confirmado la predicción de Einstein y con ello la validez de su teoría. Fue tan espectacular el evento, que mereció un artículo en el *London Times,* cuyo titular dice: *"Revolución en Ciencia – Nueva Teoría del Universo – Destronadas las Ideas Newtonianas".*

REVOLUTION IN SCIENCE.

NEW THEORY OF THE UNIVERSE.

NEWTONIAN IDEAS OVERTHROWN.

Yesterday afternoon in the rooms of the Royal Society, at a joint session of the Royal and Astronomical Societies, the results obtained by British observers of the total solar eclipse of May 29 were discussed.

The greatest possible interest had been aroused in scientific circles by the hope that rival theories of a fundamental physical problem would be put to the test, and there was a very large attendance of astronomers and physicists. It was generally accepted that the observations were decisive in the verifying of the prediction of the famous physicist, Einstein, stated by the President of the Royal Society as being the most remarkable scientific event since the discovery of the predicted existence of the planet Neptune. But there was difference of opinion as to whether science had to face merely a new and unexplained fact, or to reckon with a theory that would completely revolutionize the accepted fundamentals of physics.

SIR FRANK DYSON, the Astronomer Royal, described the work of the expeditions sent respectively to Sobral in North Brazil and the island of Principe, off the West Coast of Africa. At each of these places, if the weather were propitious on the day of the eclipse, it would be possible to take during totality a set of photographs of the obscured sun and of a number of bright stars which happened to be in its immediate vicinity. The desired object was to ascertain whether the light from these stars, as it passed the sun, came as directly towards us as if the sun were not there, or if there was a deflection due to its presence, and if the latter proved to be the case, what the amount of the deflection was. If deflection did occur, the stars would appear on the photographic plates at a measurable distance from their theoretical positions. He explained in detail the apparatus that had been employed, the corrections that had to be made for various disturbing factors, and the methods by which comparison between the theoretical and the observed positions had been made. He convinced the meeting that the results were definite and conclusive. Deflection did take place, and the measurements showed that the extent of the deflection was in close accord with the theoretical degree predicted by Einstein, as opposed to half that degree, the amount that would follow from the principles of Newton. It is interesting to recall that Sir Oliver Lodge, speaking at the Royal Institution last February, had also ventured on a prediction. He doubted if deflection would be observed, but was confident that if it did take place, it would follow the law of Newton and not that of Einstein.

DR. CROMMELIN and PROFESSOR EDDINGTON, two of the actual observers, followed the Astronomer-Royal, and gave interesting accounts of their work, in every way confirming the general conclusions that had been enunciated.

"MOMENTOUS PRONOUNCEMENT."

So far the matter was clear, but when the discussion began, it was plain that the scientific interest centred more in the theoretical bearings of the results than in the results themselves. Even the President of the Royal Society, in stating that they had just listened to "one of the most momentous, if not the most momentous, pronouncements of human thought," had to confess that no one had yet succeeded in stating in clear language what the theory of Einstein really was. It was accepted, however, that Einstein, on the basis of his theory, had made three predictions. The first, as to the motion of the planet Mercury, had been verified. The second, as to the existence and the degree of deflection of light as it passed the sphere of influence of the sun, had now been verified. As to the third, which depended on spectroscopic observations there was still uncertainty. But he was confident that the Einstein theory must now be reckoned with, and that our conceptions of the fabric of the universe must be fundamentally altered.

At this stage Sir Oliver Lodge, whose contribution to the discussion had been eagerly expected, left the meeting.

Subsequent speakers joined in congratulating the observers, and agreed in accepting their results. More than one, however, including Professor Newall, of Cambridge, hesitated as to the full extent of the inferences that had been drawn and suggested that the phenomena might be due to an unknown solar atmosphere further in its extent than had been supposed and with unknown properties. No speaker succeeded in giving a clear non-mathematical statement of the theoretical question.

SPACE "WARPED."

Put in the most general way it may be described as follows: the Newtonian principles assume that space is invariable, that, for instance, the three angles of a triangle always equal, and must equal, two right angles. But these principles really rest on the observation that the angles of a triangle do equal two right angles, and that a circle is really circular. But there are certain physical facts that seem to throw doubt on the universality of these observations, and suggest that space may acquire a twist or warp in certain circumstances, as, for instance, under the influence of gravitation, a dislocation in itself slight and applying to the instruments of measurement as well as to the things measured. The Einstein doctrine is that the qualities of space, hitherto believed absolute, are relative to their circumstances. He drew the inference from his theory that in certain cases actual measurement of light would show the effects of the warping in a degree that could be predicted and calculated. His predictions in two of three cases have now been verified, but the question remains open as to whether the verifications prove the theory from which the predictions were deduced.

Mediciones más recientes del efecto de lente gravitacional incluyen el caso del cuásar Q0957+561. Cuando fue descubierto, se pensó que este objeto de extraño nombre correspondía a una pareja de cuásares orbitando uno en torno al otro. En realidad se veían dos objetos cercanos en las placas fotográficas. A poco andar se demostró, sin embargo, que la imagen doble era fruto de una especie de aberración óptica debida a la presencia de galaxias en el recorrido de la luz entre un único cuásar, siempre muy lejano, y nosotros. Las aberraciones ópticas son bien conocidas por los fabricantes de lentes, sólo que mientras en este caso la luz es desviada por los átomos de un cristal (la lente), la luz proveniente de Q0957+561 es desviada por la atracción gravitacional debida a la masa de las galaxias del firmamento.

El hilo invisible

En la teoría de gravitación de Newton hay un aspecto particularmente intrigante: ¿cómo se transmite la atracción entre la Tierra y el Sol? Cuando uno habla, el aire transmite el sonido. Los pescadores de playa recogen al pez mediante una larga lienza. Los jugadores de tenis saben que, para mover la pelota, la raqueta tiene que tomar contacto con ella, que no pueden pegarle si la pelota está al otro lado de la cancha. En cambio, en la teoría newtoniana el Sol atrae a la Tierra a través del vacío, sin que estén en contacto directo, ni lo estén mediante ninguna forma de hilo o conexión mecánica. Entonces, ¿cómo se entera la Tierra de que el Sol la atrae? Y, por ejemplo, ¿cómo sabe el astro rey que el cometa Halley se ha acercado a la mitad de la distancia, para aumentar su fuerza de atracción cuatro veces?

Einstein da una respuesta extremadamente simple y bella a esta pregunta. Según él, toda masa, incluidos este libro, el lector, la hormiga caminando sobre un huevo en la cocina, la Vía Láctea, todos, tienen un efecto sobre el espacio-tiempo en que existen. Hablamos del espacio-tiempo, porque nos interesa el movimiento, donde ambos conceptos, el de espacio y el de tiempo, están involucrados. En el vacío completo, la distancia más corta en el espacio-tiempo es la línea recta. Los cuerpos masivos cambian la geometría, sin embargo, afectando el movimiento. Por ejemplo, la trayectoria parabólica que describe una piedra al lanzarla horizontalmente es una manifestación de la curvatura del espacio-tiempo en las inmediaciones de la Tierra. También lo es la desviación casi imperceptible con respecto a la recta, cerca de un milímetro, que experimenta un rayo de luz que viaja entre Buenos Aires y Caracas.

La Luna o un grano de arena describirían la misma órbita en torno a la Tierra si su movimiento se inicia igual, vale decir, en el mismo punto y con igual velocidad. Es el contenido de la sorprendente observación que Galileo Galilei hizo trescientos años antes que Einstein. Según la anécdota, Galileo habría demostrado este efecto soltando desde la ventana más alta de la torre de Pisa dos bolas de muy distinta masa justo cuando pasaba por abajo el cortejo de profesores de la Escuela Superior de la ciudad. Quienes la visiten hoy podrán ver estas bolas sobre una cornisa en lo alto de la torre, y una reproducción en la biblioteca, junto a una carta de Galileo que trata de su hallazgo.

No se necesita ir a Italia, desde luego, para comprobarlo. Lo podemos hacer en un día sin viento soltando una lenteja y un rodamiento de acero del mismo tamaño desde un edificio alto, mientras alguien comprueba abajo que caen al mismo tiempo. Este primitivo experimento muestra que el movimiento en la cercanía de un cuerpo grande como la Tierra no depende de la masa del objeto que se mueve: es como si el espacio-tiempo, igual para lenteja y rodamiento, obligase a ambos a aumentar su velocidad en forma pareja a medida que caen. Con instrumentos muy finos se ha llegado a precisar que la diferencia de tiempo que toman dos cuerpos en caer un segundo es menor que un diezmilésimo de millonésimo de segundo (¡la pequeñísima diferencia entre 1,00000000000 y 1,00000000001!), lo que valida con gran precisión la afirmación de Galileo Galilei.

¿Es muy especial esta propiedad? Lo es, pues no ocurre en el caso de las demás fuerzas que conocemos, como la eléctrica. Cuando un cuerpo se mueve por acción de una fuerza, la forma en que cambia de posición depende en general de la masa. Por ejemplo, cuesta más mecer a un adulto que a un niño. Si uno los impulsa sin saber qué está impulsando, si los empuja a los dos igual, con el adulto la mecedora o columpio se va a mover muy poco, mientras quizás el niño ¡va a volar por los aires! A igual esfuerzo, distinta reacción cuando hay distinta masa. Ello, porque actuó primordialmente la fuerza eléctrica. Lo notable de la fuerza de gravedad es que su magnitud se ajusta automáticamente cuando cambia la masa del cuerpo que empuja. *Sabe* exactamente a quien está empujando y conforme a ello adapta su empuje. Una vez que la mecedora empezó a oscilar, la fuerza que importa es la atracción de la Tierra, y el movimiento ya no depende de si es un niño o un adulto quien se mece. Técnicamente lo que ocurre es que la masa del objeto desaparece de las ecuaciones que describen su movimiento. Esta propiedad de la fuerza de gravedad es única entre las fuerzas, y de ella surgen la ley de Galileo que comentamos y la teoría de la relatividad general de Einstein.

David y Goliat

A pesar de lo grave que sería para nuestro universo el que no hubiese gravedad, esta fuerza, curiosamente, es la más débil de las cuatro. El David del conjunto. Por ejemplo, la atracción que mantiene los electrones cerca del núcleo del átomo es, a una misma distancia, más de dos mil millones de millones de millones de millones de millones de millones (¿cómo se llamará este número? ¿dos mil septillones? Es un dos ¡seguido de treinta y nueve ceros!) mayor que la fuerza de gravedad. Se trata de la fuerza eléctrica, ante la cual, en igualdad de condiciones, la de gravedad no puede competir. En otras palabras, si las estrellas de neutrones (partículas sin carga eléctrica) fuesen, en cambio, de protones (que sí la tienen), si el Sol y los planetas no fuesen eléctricamente neutros, el Universo sería entonces muy distinto, como si la gravedad no existiese.

De hecho, sería interesante estudiar un universo imaginario *sin gravedad*, ver qué es posible y qué no lo es, si se formarían soles, planetas y galaxias, si habría supernovas. Hermoso tema para una novela de ciencia ficción. Como acabamos de ver, ese universo ciertamente tendría átomos como los tiene el nuestro, porque en su formación la gravedad no juega ningún papel. Moléculas también habría; y cristales, líquidos, gases, y hasta quizás seres vivos. ¿Pero dónde? Posiblemente sobre un gran cubo de hierro. Un primer problema para que hubiera peces, sin embargo, sería que el agua de lagos y mares se mantiene reunida sobre la Tierra gracias a la gravedad... Y para que existamos nosotros, el problema sería que el aire que respiramos cubre la Tierra y se mueve con ella por el espacio gracias a la gravedad... Así, de existir este universo sin gravedad, sin duda sería muy diferente del nuestro.

Si es tan débil, ¿cómo es posible que la gravedad domine lo que observamos en el cielo? Sólo gracias a que las cargas eléctricas positivas y negativas que existen en cada objeto están cuidadosamente balanceadas: hay tantas de las unas como de las otras. Bastaría que en la materia que nos circunda hubiera un electrón de más por cada millón de millón de millón de protones, para que la Luna dejara de sentir la atracción gravitatoria de la Tierra y se nos escapara con su cara irónica y toda su poesía. Es la separación de cargas que trabajosamente se consigue por métodos químicos entre los polos positivo y negativo de las baterías ordinarias de 1,5 volts. Afortunadamente, las cosas grandes como nosotros tienen tantos protones como electrones, de modo que la atracción de unos es compensada por la repulsión de los otros. Las fuerzas se cancelan y el total, eléctricamente neutro, puede interactuar gravitacionalmente sin problemas;

y nosotros llevar la vida ordinaria que llevamos sobre la Tierra.

Un ejemplo natural de carga neta ocurre en la atmósfera. Aunque cuesta creerlo, entre la superficie de la Tierra y la estratósfera hay una enorme diferencia de potencial eléctrico, cerca de 400.000 volts, producto de la separación de cargas. Entre el techo de una casa y el suelo, hay más voltaje que en los enchufes donde se conectan las lámparas. Esto no significa que separando las patas del enchufe a dos metros de distancia uno podría "conectar el televisor al aire" y encenderlo (no habrá faltado un inventor que en el pasado intentó patentar la idea...). Una cosa es tener un voltaje, y otra, poder sacar energía de allí. Del enchufe podemos sacarla porque hay generadores de electricidad que trabajan, en el otro extremo del alambre, para hacer ello posible. De allí las cuentas de electricidad. En cambio en el aire la situación eléctrica es delicada y cambia completamente con la mera presencia del ingenuo inventor.

Algunas cosas sí ocurren debido a la acumulación de carga atmosférica, como, por ejemplo, las tormentas eléctricas. Mientras en un lugar asoleado hay un continuo y lento flujo de cargas positivas (iones) hacia la Tierra, en otros lugares del planeta hay tempestades y relámpagos que descargan el exceso de carga negativa también hacia la Tierra, tendiendo a neutralizarla. La corriente positiva total hacia toda la superficie de nuestro aporreado terrón de cielo es de unos 1.800 amperes, similar a la que pasa por unos 2.000 televisores encendidos. Es una corriente que no cesa. Por su parte, cada rayo transporta en una fracción de segundo hasta unos 10.000 amperes. A pesar de este ir y venir de carga buscando la neutralidad, en promedio se mantiene un desequilibrio de cargas y la diferencia de potencial eléctrico que ya mencionamos.

Para las cosas pequeñas como los átomos, en cambio, el asunto es muy diferente. Cuando en ellos ocurren desequilibrios de carga, suelen ser muy grandes. Por ejemplo, la sal común está hecha de iones de sodio y de cloro. Los iones son átomos ordinarios aunque no eléctricamente neutros, porque han perdido o ganado un electrón. Cada átomo de sodio le cede gentilmente uno de sus 11 electrones a un cloro vecino, quedando entonces con una carga neta positiva "e" (tiene siempre once protones). Por su parte, el cloro, que era neutro, al recibir un electrón extra queda con carga neta "-e" (18 electrones en total). Hay un electrón en exceso por cada 17 protones. En el nivel atómico, la descompensación afecta entonces en un nueve por ciento al sodio y en un seis por ciento al cloro, un efecto enorme comparado con el que se da en objetos grandes. Como cada granito de sal tiene en general tantos iones de sodio como de cloro, el total es eléctricamente neutro. Si tuviese uno en exceso de alguna de las dos especies, por ejemplo, un sodio, la carga sería "e", algo no pequeño para un átomo aunque sí insignificante para todo un grano macroscópico de materia que contiene quizás mil trillones de átomos.

La magnetomiel y sus milagros

La fuerza eléctrica está presente en innumerables fenómenos que todos experimentamos. Desde las chispas que se ven cuando uno se quita una prenda de vestir en la noche, o los rayos que caen a la tierra en las tormentas atmosféricas, a tantos y tantos aparatos que nos parecen indispensables, como televisores, estufas, lámparas, teléfonos, computadoras, automóviles, etc.

Su origen es la carga eléctrica, esa propiedad extraña que poseen, por ejemplo, el electrón y el protón. Es curioso que algunas partículas están cargadas eléctricamente y otras no. Tan curioso como que haya animales con cuatro patas, como los gatos, y otros que no las tienen, como los gusanos. El electrón y el protón tienen carga eléctrica; el neutrón y el neutrino no la tienen. ¿Por qué? No lo sabemos a ciencia cierta. Hasta ahora lo consideramos como un dato, algo arbitrario, que es así porque es así simplemente, como dirían los niños.

Lo cierto es que los electrones se repelen y en cambio electrones y protones se atraen. En el lenguaje que hemos inventado para hablar de estas cosas, decimos "cargas de igual signo se repelen, cargas de distinto signo se atraen". El electrón tiene carga negativa, el protón, positiva. El signo es útil porque al agregar algo positivo a algo negativo, si son del mismo tamaño se puede obtener cero, número que representa adecuadamente lo neutro.

A diferencia de la gravedad, que sólo produce atracción, ahora es posible atracción y repulsión. En lenguaje figurado, mientras las masas todas "se aman", hay cargas que "se aman" y otras que "se odian". Gracias a esta ambigüedad nuestro mundo es como es. La atracción torna posibles los átomos, ya que los protones en el núcleo atraen a los electrones y así los atrapan y forman las 92 especies naturales de átomos que existen. Y, como veremos en el Capítulo 5, la repulsión es fundamental para darles consistencia a las cosas, permitir que al cerrar este libro mantenga su forma y se lo pueda volver a abrir sin problemas.

La forma matemática de la fuerza eléctrica fue descubierta en 1785 por Charles Coulomb, famoso también por sus investigaciones sobre el magnetismo, el roce, las fuerzas internas en estructuras de ingeniería, y otros temas. En lo que respecta a distancias, la "fuerza de Coulomb" es igual a la de gravedad como la describió Newton: al duplicar la distancia, su magnitud disminuye a la cuarta parte (ley inversa al cuadrado de la distancia). Pero, a pesar de esta curiosa similitud, hay una diferencia fundamental entre ellas. Mientras la gravedad depende de la masa del objeto (se duplica cuando se duplica la masa), la fuerza eléctrica sólo depende de su carga (también se duplica con la carga, pero ¡no cambia si se duplica la masa!). Como anticipé más arriba, la consecuencia es que, mientras dos cuerpos de distinta masa caen igual hacia un tercero que los atrae por gravedad, dos objetos de diferente carga caen en forma diferente si son atraídos eléctricamente hacia un tercero. La fuerza eléctrica no es reducible a una propiedad geométrica del espacio-tiempo, como lo es la gravedad.

Entonces, ¿cómo se entiende en este caso la interacción a distancia? La ley de Coulomb dice que si hay una carga eléctrica aquí y otra en la Luna, ellas se influyen mutuamente a través del vacío del espacio intermedio, tal como las masas lo hacen según la teoría de Newton de la gravedad. ¿Que pase Einstein? Bueno... podría ser si aceptamos un espacio-tiempo de cinco dimensiones en vez de cuatro.

Fue la idea del matemático Theodor Kaluza, el que demostró que este artificio permitía obtener el electromagnetismo y la gravedad a partir de una misma teoría, que me imagino con el nombre "gravelectromagnetismo". El problema de la idea es saber qué es esa quinta dimensión agregada, que no percibimos. Oskar Klein propuso entonces que la dimensión adicional existe, aunque está como arrugada y no somos sensibles a ella. Imaginemos una carretera vista desde un avión en lo alto. Se ve como una línea sobre la tierra. Sin embargo, mirada de cerca tiene un ancho, y por ese ancho viajan toda clase de vehículos rodantes. Desde el avión no percibimos esa riqueza de aconteceres porque estamos muy lejos. Según Klein, la quinta dimensión está como enroscada o arrugada y somos por ello incapaces de percibirla; extiende el ámbito del espacio-tiempo en igual forma que en nuestra analogía la carretera enriquece la línea que percibimos de lejos. La teoría de Kaluza y Klein es inspiración de más teorías que hoy pertenecen a la familia cuyo nombre es... ¡adivinar!... la familia de Kaluza-Klein.

En nuestro limitado espacio-tiempo de cuatro dimensiones debemos contentarnos con la noción algo más abstracta de "campo", una propiedad no geométrica que adquiere el espacio cuando hay una carga cerca. De allí salen las expresiones "campo eléctrico" y "campo magnético" que a menudo se escuchan. La carga lleva consigo ese campo, se mueve con él, como si fuera una especie de halo. Sólo quienes llevan carga pueden ver este halo. Así, el neutrón no ve eléctricamente al protón; el electrón en cambio sí lo ve, y gracias a la fuerza eléctrica, forma con él la variedad de átomos que conocemos.

El concepto de campo se debe al gran Michael Faraday. Surgió en una época de gran efervescencia en Europa. El fin del siglo XVIII y el comienzo del XIX fueron tiempos de enorme creatividad. En medio de febriles cambios políticos inspirados por la Revolución Francesa, Mozart, Beethoven, Chopin y Schubert producían monumentos musicales, mientras en matemáticas abrían nuevas fronteras Karl Friedrich Gauss (llamado en su ambiente *Princeps Mathematicorum*), Augustin-Louis Cauchy (789 memorias publicadas), Lazare Nicolas Marguerite Carnot (llamado el *Organizador de la Victoria* por sus acciones políticas), Evariste Galois (*enfant terrible* muerto en un duelo a los veinte años). Gaspard Monge, creador de la Geometría Descriptiva, empieza su libro *Traité de la Géométrie Descriptive* (1798) ofreciéndolo para "*liberar a la nación francesa de la dependencia de la industria extranjera*". ¡Qué tiempos de idealismo!

Es la época en que la electricidad acaba de nacer, y en los laboratorios europeos se hacen miles de experimentos usando la novedad de la época, la batería. Inventada en 1800 por Alessandro Volta, hombre del cual alguien dijo que "entendía un montón acerca de la electricidad de las mujeres", la batería eléctrica fue la delicia de los aficionados a experimentar con la corriente eléctrica, investigar cómo pasa por cada alambre, cómo cambia al variar la forma o la temperatura del material conductor, etc. Gran momento para hacer descubrimientos. Entre los más importantes, se cuentan los de Hans Christian Oersted. Mientras hacía una demostración en clase, en 1819, advierte de pronto que la corriente que pasa por un alambre desvía la aguja imantada de una brújula cercana. Puesto que la corriente no es más que un flujo de cargas, como de vehículos por una carretera, Oersted concluyó que el magnetismo debía tener su origen en el movimiento de cargas.

Vaya sorpresa. Hasta entonces el magnetismo era algo único y aparte, sin relación con la carga eléctrica. Conocido en Grecia desde la antigüedad remota, en el siglo I a. de C. el poeta latino Tito Lucrecio relataba que "*el hierro es atraído por esa piedra que los griegos llaman magneto por su origen en los territorios de los magnetes, habitantes de Magnesia, en Tesalia*". Sus misterios eran percibidos como poderes mágicos. En el siglo XIII de nuestra era, Bartolomeo el Inglés escribía en su popular enciclopedia: "*Esta piedra devuelve maridos a mujeres y hace al lenguaje más elegante y cautivador. Además, junto a la miel, cura la hidropesía, el bazo, la sarna y la quemazón... Cuando se pone sobre la cabeza de una mujer casta sus venenos la cubren inmediatamente, pero si es adúltera se levantará instantáneamente de la cama por temor a una aparición...*".

Aunque su origen natural es bien comprendido hoy, el halo de misterio y magia del magnetismo permanece. Dick Tracy dice por allí, "*la nación que controle el magnetismo, controla el Universo*". No hace mucho me solicitaron evaluar una patente de invención de un producto que supuestamente curaba la diabetes, el cáncer y un sinnúmero de otros males del cuerpo y del alma. Se trataba de una especie de "magnetomiel", basada en una mezcla de leche en polvo y miel de abejas, que se sometía a la acción de un campo magnético. La documentación incluía una teoría de los sorprendentes poderes de la mezcla, por supuesto basada en la fórmula de Einstein $E=m\cdot c^2$ (recurso común para impresionar), y además contenía relatos de curas milagrosas. Leyéndola, me quedó claro que, o se trataba de un ignorante que quería impresionar a los no-tan-ignorantes, o, más probable, de un pseudo-no-tan-ignorante que se quería aprovechar de los ignorantes, y ganar dinero engañándolos.

Poco después del descubrimiento de Oersted, André-Marie Ampère, personaje trágico del romanticismo, cuyo padre fue guillotinado en la Revolución y en cuya tumba se lee el epitafio "*Tandem felix*" (Al fin feliz), se encontró con otra sorpresa. En sus palabras, *"Dos corrientes eléctricas se atraen cuando se mueven paralelamente y en igual dirección; se repelen cuando se mueven paralelamente y en direcciones opuestas"*. La corriente no sólo desvía la aguja de un imán, sino que también ¡atrae o repele a otra corriente! Por ejemplo, los alambres que usamos en lámparas, televisores y otros artefactos, son dobles, como las carreteras de dos vías, para que las cargas puedan entrar por uno y salir por el otro. Es el cable "paralelo", como le suelen llamar. Pues bien, cuando encendemos el artefacto y la corriente alterna va y viene, los alambres del paralelo se repelen con una fuerza equivalente al peso de una hormiga. Aunque pequeñísima, la repulsión siempre está presente.

Alguien dirá, "eso no es raro, porque cargas repelen a cargas". Cierto. Pero, los alambres son eléctricamente neutros; aunque se muevan, las cargas en su interior están compensadas como lo están en un átomo, hay tantas de un signo como del otro. No es entonces la mera fuerza de Coulomb entre cargas, sino algo nuevo, que se origina en su movimiento. La producen cargas que se mueven y la experimentan cargas que también se mueven. Este "algo nuevo" es justamente lo que llamamos campo magnético.

Si una corriente atrae o repele a otra corriente, y si además atrae o repele las puntas del imancito que hace de aguja en una brújula haciéndola girar, ¿no será que los imanes mismos están hechos de corrientes? Esta idea la tuvo también Ampère. Para él, un fierro imantado debía tener en su interior corrientes permanentes. ¿Cómo era esto posible sin una batería? Misterio. Pensó Ampère que quizás cada molécula o átomo tenía su pequeña corriente, las que sumadas daban una sola corriente superficial.

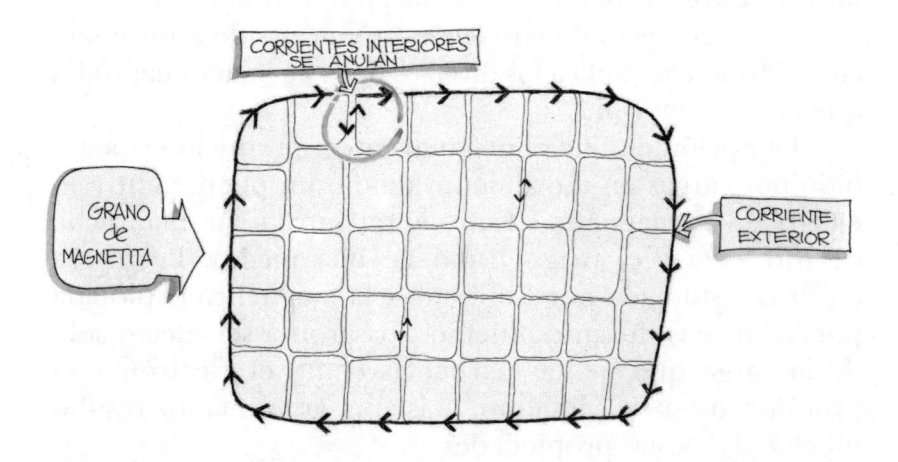

Más de cien años después se descubrió que cada electrón, protón, neutrón, es como un pequeño imán, actúa como si fuese un pequeño trompo cargado que gira sobre sí mismo. Tienen "espín". Si bien extraña, la idea es aceptable en el caso de protones y electrones. ¿Y el neutrón? Si es eléctricamente neutro, ¿cómo concebirlo como un trompito cargado? Bueno, en primer lugar la imagen del trompo no debe tomarse como una analogía rigurosa porque los protones y neutrones son tan pequeños que su comportamiento está dominado por efectos cuánticos, diferente del trompo con que alguna vez hemos jugado. En segundo lugar, no hay problema con que un objeto eléctricamente neutro tenga corrientes en su interior, si hay cargas en él. Ya vimos que en un alambre circulan corrientes a pesar de ser neutro, pues, aunque hay tantas cargas positivas como negativas en su interior, ellas pueden moverse ordenadamente unas respecto de otras. En los metales se mueven los electrones, permaneciendo fijos los iones positivos. En el neutrón también hay cargas, un cuarc apón y dos daunones, que, aunque suman carga total cero, pueden formar minicorrientes que le den la apariencia de un imán.

Si de alguna manera se alinean estos diminutos trompos, se sumarán también los pequeños campos que cada uno produce, formándose así un poderoso imán. La combinación del efecto de corrientes atómicas y de estos imancitos intrínsecos explica los diversos tipos de imanes naturales que hoy se conocen.

La noción de que el magnetismo es producido y percibido por cargas en movimiento tendió un puente entre lo eléctrico y lo magnético. Entre el relámpago en una noche de tormenta y el magnetismo de una piedra. La fuerza eléctrica estudiada por Coulomb y la magnética explotada por los magos durante milenios, pasaron a ser efecto sólo de la carga que tienen partículas como el electrón y el protón, y de su movimiento. Más aún, la misma luz resultó un efecto de estas propiedades.

La teoría construida en torno a estos fenómenos es otra portentosa síntesis, hoy llamada electromagnetismo, comparable en belleza e importancia a la que alcanzó doscientos años antes Isaac Newton en sus estudios de la fuerza de gravedad.

¿Qué relación tiene la luz con todo esto? La historia es larga y tomará algo de tiempo llegar a su final, así que ¡paciencia y perseverancia!

Usted y yo

Imaginemos por un momento que mi ilustre lector y yo somos dos cargas iguales, usted allí, yo aquí, en el libro. Para simplificar aún más el ejemplo supongamos que somos dos electrones, quietos, y a un metro de distancia. Disculpe la reducción, pero nos ayuda a razonar. Entonces usted sentiría una fuerza repulsiva, la de Coulomb. Si ahora dividimos esta fuerza por la carga "e" del electrón, obtendríamos algo que ya no depende de mi lector en nada, algo que es igual para todos, una propiedad que yo engendro en el lugar en que mi lector está situado. Es el campo eléctrico, cuyo valor es igual para otra carga, no importa cuánto mayor o menor sea que la suya. Ahora me voy a alejar hasta quedar a dos metros de distancia. ¡Ya! La fuerza disminuyó a la cuarta parte, ¿verdad?, y el campo también. Donde mi lector está hubo entonces un campo magnético que variaba junto al campo eléctrico que también variaba. La causa de estos cambios fue mi movimiento. Sin embargo, es posible relacionar la variación de los campos entre sí, como si fuese el cambio del campo eléctrico el que causa el que se produce en el campo magnético, y viceversa. Pero, ¿no quedamos en que el movimiento de cargas produce campos magnéticos? Cierto, y de hecho en el lugar donde mi lector está, mientras yo me movía hubo un campo magnético que no sintió porque estaba quieto (antes vimos que para sentir ese campo ¡hay que moverse!).

Que la variación del campo magnético va asociada a un campo eléctrico es un descubrimiento de Michael Faraday. Este señor, inventor de los motores, generadores y transformadores eléctricos, inició su prolífica vida como aprendiz de encuadernador. Una de esas ocupaciones sencillas y rutinarias que permiten algo de ocio para darse el lujo de pensar, a los que quieran hacerlo. Como Einstein, cuyas mejores ideas surgieron cuando trabajaba en una oficina de patentes de invención en Suiza, Faraday hizo miles de experimentos que lo llevaron a descubrir cosas tan disímiles como el benceno (que llamó bicarbureto de hidrógeno), las leyes de la electrólisis y de la polarización de la luz, lo que aportó en torno a los fenómenos eléctricos y magnéticos, y muchas otras cosas. Anotaba cada observación cuidadosamente en sus cuadernos de apuntes. Un ser excepcional, que rechazó un título de nobleza y un ofrecimiento para presidir la Sociedad Real de Londres. Un hombre que ocupó muchas horas en inventar y descubrir, pero también en contarle a los demás con palabras sencillas lo que iba hallando. Dio más de cien clases magistrales, como las llamaríamos hoy, siempre los viernes al atardecer, para la gente de la calle. Les habló a los jóvenes en una serie especial dedicada a ellos en la época de Navidad. Todo esto mientras hacía experimento tras experimento.

Uno de ellos lo sorprendió particularmente: halló que al mover un imán cerca de un alambre se producía una corriente en este último. Era el año 1831, año del descubrimiento del polo norte magnético. Faraday sabía que el alambre estaba expuesto al campo magnético del imán, el que variaba en el lugar del alambre al moverlo. Estando las cargas en éste quietas, aquél no podía actuar; sólo podían responder a un campo eléctrico, a la fuerza de Coulomb. Faraday concluyó entonces que la variación del campo magnético producía en el alambre un campo eléctrico. Cosa extraña, porque hasta entonces el campo éste siempre acompañaba a cargas, y al igual que el alambre, el imán no estaba cargado eléctricamente.

¿Extraño? Sí, bastante extraño, pero es así. En rigor no se necesitan cargas para que se produzca una fuerza eléctrica: basta con un campo magnético que varíe a medida que pasa el tiempo. De esta aparentemente inocente, breve y simple conclusión, nacieron motores, generadores, transformadores, transmisiones telefónicas y de televisión y la inmensa vastedad de la teoría que hoy llamamos electromagnetismo. Es un tremendo argumento en favor del impacto tecnológico a que puede dar lugar un descubrimiento en la naturaleza. El incrédulo Mr. Gladstone, Ministro de Hacienda en la Inglaterra de Faraday, ha pasado a la historia por lo que éste le dijo a propósito del futuro de la electricidad: *"Un día, señor, Ud. va a cobrar impuestos por ella"*.

El que campos eléctricos y magnéticos se produzcan por cargas que se mueven o por los mismos campos que varían, ¿no sugiere acaso que éstos están de alguna manera íntimamente vinculados? Efectivamente; las relaciones entre ellos fueron formuladas matemáticamente por James Clerk Maxwell en sus famosas cuatro "Ecuaciones de Maxwell" ya mencionadas en el Capítulo 2 (Maxwell escribió muchas ecuaciones, pero éstas ciertamente son las mejores). Nos dicen cómo varía el campo magnético en un punto del espacio y en su vecindario cuando cambia el campo eléctrico con el correr del tiempo, y viceversa.

Entre las soluciones que admiten las ecuaciones de Maxwell hay una que es particularmente simple y sorprendente. Se trata de una onda, como las olas en la superficie del mar, o las ondas de sonido. Lo que vibra y se propaga no es algo material. No es el aire, como en el caso del sonido; no es tampoco el agua, como en las olas, ni es el éter que hace cien años estuvo de moda. La onda a la cual nos referimos es una danza periódica de campos eléctricos y magnéticos en cada punto del espacio, se encuentre éste ocupado o vacío. Son campos que ya se desprendieron de la carga oscilante que los originó y se mueven en el espacio como si fueran un rayo de luz. Quizás su origen fue el oscilar de electrones en el interior de una antena de teléfono portátil, o quizás fue la aniquilación de un electrón con su antipartícula o la emisión de un átomo fluorescente. Cualquiera sea la causa, el fenómeno adquiere vida propia e independencia y se propaga por el espacio. Esa solución matemática, llamada onda electromagnética, ¡es nada menos que la luz misma!

Representa no sólo lo que habitualmente llamamos luz, sino también las ondas de radio, las microondas, la radiación infrarroja, la ultravioleta, los rayos X, los rayos gama. Variando en la solución sólo un número, que representa la frecuencia con que vibran los campos, es decir, el número de veces que oscilan cada segundo, se obtiene ya sea la luz visible (unas mil billones de oscilaciones por segundo), las microondas (diez mil millones), los rayos X (un trillón), etc. Esta síntesis es una de las conquistas más notables de la ciencia en toda su historia. Alguna vez Maxwell llamó a Ampère el *"Newton de la electricidad"*. Con la perspectiva que dan los años transcurridos y ante sus contribuciones al desarrollo del electromagnetismo, Ampère parece más un Galileo, mientras el propio Maxwell se asemeja a Newton.

Cubitos de hielo

La fuerza eléctrica nos ha dado ya bastante que hablar. ¿Por qué? ¿Por qué dedicarle tanto espacio? Por una parte, porque lo eléctrico y lo magnético fascinan. Pero también porque esta fuerza es muy importante para entender la naturaleza que nos rodea y sostiene. A pesar de lo mucho que hemos dicho no hemos terminado. Tenemos que referirnos al intrigante fotón, el mensajero de esta fuerza. ¿De dónde sale?

La onda electromagnética que hemos descrito es la forma clásica de ver la luz, la usada por los fabricantes de lentes, los astrónomos que miran el cielo, los diseñadores de antenas de televisión. Pero no es la manera como ven la luz los que investigan para poder construir celdas solares más eficientes. Para éstos, un rayo de luz es un chorro de partículas sin masa ni carga eléctrica, que llaman fotones. La idea original es de Einstein, aunque una versión primitiva se debe a Isaac Newton, que la inventó dos siglos y medio antes, en una época anterior a Coulomb, Faraday y Maxwell, en que nada se sabía de campos eléctricos y magnéticos. Einstein tuvo la ventaja de nacer después de estas luminarias y su corpúsculo de luz le dio el Premio Nobel en 1921. La cita del premio ese año dice "*A Albert Einstein por sus servicios a la física teórica y especialmente por su explicación del efecto fotoeléctrico*".

A fines del siglo XIX, Heinrich Hertz había observado que cuando se ilumina un metal algunos electrones se escapan de la superficie, como si se evaporaran. Einstein explicó el fenómeno con todo detalle en 1905 suponiendo que cada electrón que sale del metal ha sido impactado por un "cuanto" de luz, un pequeño paquetito de energía luminosa, que es absorbido por el electrón. Como tragarse una bolita de dulce, sólo que con efectos devastadores que a uno lo hacen salir volando por la ventana. La teoría de Einstein era atrevida no sólo por decir que la gloriosa onda electromagnética podía actuar como si fuese una partícula, sino, además, porque suponía que esta partícula, el fotón, podía desaparecer. Pero ésos eran años de efervescencia en torno a la radioactividad, fenómeno asociado al aparecer y desaparecer de partículas misteriosas, como un mago hace con cartas de naipe. El tiempo nos ha familiarizado con este tipo de procesos en que se crean y aniquilan objetos; en cualquier pizarrón de alguien que trabaje en estas cosas se ven símbolos que representan a un electrón absorbiendo un fotón, o quizás emitiéndolo, por ejemplo.

Las ideas y formalismos que describen estos aparentes intercambios con la nada se encuentran en la electrodinámica cuántica, una de las teorías más exactas que han sido formuladas a la fecha en cualquier campo del conocimiento. Sus predicciones han sido comprobadas con una precisión no superada hasta ahora. Por ejemplo, decíamos más arriba que el electrón es como un pequeño imán. Si se considera el efecto de la aparición y desaparición continua de fotones, el valor del campo magnético que este imancito produce aumenta en el factor 1.00115965214 según los cálculos de la teoría. El valor experimental da el factor 1.001159652188, con posibilidad de error sólo en el ocho final. Aunque parezca increíble: once cifras de acuerdo total. Como comparación, baste decir que dos cifras de acuerdo son a menudo suficientes para que una teoría se considere aceptable.

Según la electrodinámica cuántica un electrón está siempre emitiendo y absorbiendo fotones. Mientras está solo, esta actividad creativo-destructiva no altera su movimiento. En un átomo, en cambio, su cercanía al núcleo positivo hace que la emisión y absorción de fotones sea dispareja, por ejemplo, desigual en distintas direcciones, de tal forma que su movimiento resulta circular en vez de rectilíneo. En la electrodinámica cuántica ya no se habla de la ley de Coulomb, no se plantea el problema de la interacción a distancia, porque electrón y núcleo se comunican mediante estos mensajeros, los fotones, indicando por su intermedio dónde están y cómo se mueven. Si un neutrón rápido impacta al núcleo y lo lanza lejos, los electrones del vecindario se enteran un instante después, el tiempo que toma a los fotones mensajeros hacer el viaje entre el núcleo y el exterior del átomo. La información toma un tiempo, la interacción no es instantánea.

¿Por qué no hablamos de esto para el caso de la gravitación? Simplemente porque no hay una teoría cuántica de la gravedad, no existe una "gravetodinámica cuántica", como podría llamarse. O mejor dicho, puede que la haya en un sentido platónico, que revolotee por allí como una mariposa sin que ninguno de los muchos que la buscan la haya podido atrapar todavía. Nadie sabe hoy cómo construirla.

Para entender el problema que plantea, recordemos que la mejor formulación de la gravedad se hace mediante la geometría del espacio-tiempo. ¿Cómo transformar geometría en partículas? Estas viajan en el espacio-tiempo, lo necesitan para llevar su mensaje entre el Sol y la Tierra. Sería como convertir toda el agua del mar en cubitos de hielo para que, navegando por el mar, llevaran mensajes entre México y Taiwán. Una vez convertida el agua en hielo, ya no hay agua y no es posible la navegación...

A pesar de estas dificultades, el cuanto de la gravedad tiene un nombre que ya antes mencioné. Se llama gravitón. Alterándolo sólo un poco, resulta un recordatorio de lo tontones e incapaces que hasta la fecha hemos demostrado ser ante el desafío de cuantizar la gravedad. No hay pruebas de que el gravitón exista, aún cuando muchos experimentos en el pasado reciente hayan procurado, sin éxito, atraparlo.

La pinacoteca nuclear

La gravedad mantiene unido el sistema solar, y evita que nos evaporemos hacia el espacio sideral. La fuerza eléctrica mantiene unido el átomo y origina las infinitas formas de luz que conocemos. ¿Qué matiene unido al núcleo atómico?

Recordemos que el hidrógeno, con su único protón, es un caso aislado. Los demás núcleos tienen siempre más protones. Por ejemplo, el del átomo de cobre tiene 29 protones y entre 34 y 36 neutrones. El de oro, 79 protones y 118 neutrones.

Veamos el más simple de los núcleos compuestos, el de helio. En él hay dos protones y uno o dos neutrones, muy cerca unos de otros. Tan cerca, de hecho, que la repulsión eléctrica de los protones, a pesar de lo pequeños, es equivalente a la fuerza con que la Tierra atrae a un niño de cinco años. ¿Cómo es posible entonces que el núcleo se mantenga unido y no explote? El dicho afirma "la unión hace la fuerza". En este caso, la "fuerza fuerte" hace la unión.

Hay algo especial en la interacción que liga al núcleo. Mientras las fuerzas que unen masas o cargas eléctricas disminuyen con la separación entre los objetos, la fuerza fuerte aumenta con la distancia. Como cuando uno estira un resorte o un elástico: lo que cuesta elongarlo un centímetro cuesta más del doble para el segundo centímetro. Es el principio que usan las pesas en que mi lectora verifica con tanta alegría lo que engordó en los últimos tres meses. O las balanzas de la feria, donde la fruta o el pescado misteriosamente pesan siempre un poco más de lo que pesan. Para el doble de fruta, el doble de elongación. La longitud del resorte es entonces una medida de la masa de los plátanos o manzanas (masa, porque decimos "kilogramos" que es una unidad de masa, no de peso).

Si un niño es capaz de estirar un resorte hasta diez centímetros, puede que un adulto logre veinte. Con un par de bueyes tirando uno por lado puede que se llegue a un metro de elongación, si el resorte no se rompe antes. ¿Hasta dónde se puede seguir? Los resortes siempre terminan cortándose, porque la goma que pega a los átomos que los forman no es la nuclear sino la eléctrica, que disminuye con la distancia: al estirar se separan los átomos, la fuerza se hace más débil cada vez, termina por ceder y el material finalmente se rompe. ¿Qué pasa en los núcleos? ¿Se quiebran también?

Veamos con más detalle el caso. Tomemos por ejemplo el pión positivo, formado por un apón y un antidaunón que se atraen mutuamente. Elijo esta partícula por su interés histórico. Fue una predicción de Hideki Yukawa por la cual obtuvo el Premio Nobel en 1949. Su logro fue el fruto de un trabajo ejemplar, orientado más por la mística que por el dinero o la ambición. Lo desarrolló antes de salir siquiera una vez de su país, y a pesar que en su época las ciencias básicas en Japón tenían un grado de desarrollo comparable al que hoy tienen en algunos países de América Latina. Su famoso trabajo fue originalmente publicado en una revista japonesa, en 1935. Predice la existencia de una partícula que se comporta como mensajera de la fuerza que une a neutrones y protones en el núcleo, y que hoy se conoce como mesón pi, o brevemente, pión. Puede tener carga eléctrica positiva, negativa, o ser eléctricamente neutra.

Puesto que los cuarcs en el pión positivo tienen carga del mismo signo ($2e/3$ el apón, $e/3$ el daunón), están, desde la partida, un poco separados por la repulsión coulombiana. Cuesta separarlos un poco más, porque la atracción por la fuerza fuerte se agranda. Separarlos cuesta más y más, hasta que el costo es tan grande, la energía desplegada es tan enorme, que en vez de aumentar la distancia se, crea una pareja cuarc-anticuarc. Es como si el pión, formado por un cuarc y un anticuarc, se partiera en dos, uno de cuyos pedazos es el pión original y el otro, una nueva partícula que escapa para algún lado. El resorte nuclear se dividió, quedando dos resortes, algo diferentes, en su lugar.

Las masas se atraen, las cargas se gustan o disgustan. ¿Quién juega el papel de masa o carga en la fuerza fuerte? El color. Cada cuarc tiene un color, no pretendiendo que si uno los pudiera mirar vería uno rojo, uno azul o uno verde, como si fuesen bolas de billar. No. Se usa la analogía de los colores por una regla cromática que se asemeja a la que deben satisfacer estas "cargas cuarquianas". La ley es que la combinación de colores debe dar blanco para que una partícula se forme. Si se toma un disco, se pintan en él tres manchas, una roja, una azul y otra verde y se lo hace girar rápidamente, la "suma" de los tres aparece como blanco. Los cuarcs pueden tener cualquiera de los colores, pero sus combinaciones deben "sumar" blanco. Parodiando, la regla de la naturaleza es "si toma una partícula y la gira rápidamente sobre sí misma, verá blanco…" La pinacoteca nuclear es variada en el detalle pero blanca en su conjunto.

Así, en el interior del protón o el neutrón la composición de colores produce siempre blanco: sus tres cuarcs tienen uno color rojo, otro azul, otro verde. Cuando un anticuarc aparece en la composición de una partícula, se le asocia un anticolor en vez de un color (antirrojo, antiazul, antiverde). En este caso la regla es que la junta de un color con su anticolor se interpreta como "blanco", y es permitida. Por ejemplo, nuestro amigo el pión tiene un apón rojo y un antidaunón antirrojo. Rojo más antirrojo da, por definición, blanco. La atracción ocurre mediante intercambio de gluones, la partícula mensajera de la fuerza fuerte. Y, en analogía con la electrodinámica cuántica, la teoría que permite calcular lo que ocurre con cuarcs y gluones es la cromodinámica cuántica.

¿Tienen color los gluones? Para desgracia nuestra, sí. Y en parejas: un color y un anticolor. Cuando salen de un cuarc para entrar en otro, le cambian a éstos su color original. Por ejemplo, un gluón rojo-antiazul cambia un cuarc rojo en uno antiazul.

También, y a diferencia de los fotones, los gluones interactúan entre ellos intercambiando, a su vez, gluones. Por ejemplo, un gluón verde-antiazul interactúa con uno verde-antirrojo intercambiando un gluón azul-antirrojo. La cosa se complica. Demasiados colores, demasiados antis. Mientras los fotones mensajeros iban y venían trayendo sus noticias sin verse ni molestarse, los gluones tienen tremendos encontrones en el camino, perturbando la transmisión de la información de un cuarc a otro, y, de paso, haciéndoles la vida casi imposible a los pobres inocentes que en sus papeles y pizarrones intentan calcular sus efectos.

El cuadro parece innecesariamente complicado, con aspectos antiestéticos ocultos bajo nombres pintorescos que sirven para distraer un poco la atención. Como cuando bajo una alfombra persa se barren los restos de cigarrillo. Se echa de menos la elegancia y simplicidad de las interacciones entre masas y entre cargas eléctricas.

No digo que la teoría de los cuarcs está equivocada, pues ha demostrado un poder predictivo bastante impresionante. Un éxito notable fue la predicción del topón, el cuarc de mayor masa (doscientas mil veces la del electrón). Cuesta tanto que se formen partículas pesadas, cuesta tanto juntar su "emececuadrado", la energía mínima que pueden tener, que uno no se topa fácilmente con un topón. Fue necesario acelerar protones y antiprotones a velocidades cercanas a la de la luz, alcanzando una energía unas quinientas mil millones de veces la energía de un fotón visible, y hacerlos estrellarse unos con otros, para producir este cuarc. Aunque predicha su existencia en 1977, sólo se lo encontró en marzo de 1995 en el Laboratorio Fermi, en Illinois, Estados Unidos.

A pesar del éxito, queda la sombra de la aparentemente innecesaria complejidad. Cada uno tiene su impresión al respecto. La mía es que el modelo de los cuarcs es aún rudimentario y que algún día aparecerán simplificaciones sustanciales en esta teoría, lo que volverá el alma al cuerpo a quienes resisten lo "no tan bello".

El nexo débil

El electrón y el protón parecen eternos. Pero los neutrones definitivamente no lo son. Por ejemplo, al cabo de unos minutos los que salen de un reactor nuclear se convierten en protones (su vida media es de 14 minutos y 47 segundos). Es un tipo de metamorfosis más propia de seres vivos. A pesar de que vivimos sobre un planeta que gira, donde hay día y noche, invierno y verano, donde hay también huracanes y mareas, donde el agua hierve y los televisores muestran imágenes en colores, a pesar de toda esa actividad de la materia, tendemos a pensar que es inerte y aburrida. Quizás una piedra ordinaria lo sea. Pero el neutrón y muchos otros objetos del mundo nuclear y atómico no pertenecen a esta clase. El neutrón se transforma. A diferencia del cambio en objetos vivos, sin embargo, creemos entender mucho sobre la metamorfosis del neutrón. En particular, hemos descubierto que al transformarse, hay cosas que no cambian, que se conservan con el transcurrir del tiempo. ¿Cuáles son?

Primero, la energía. El neutrón no puede transformarse en una pulga, porque la masa en reposo de ésta, y por tanto su energía, es mucho mayor. El cambio aumentaría la energía del universo, y eso no es posible. Pero sí puede cambiar a protón. El neutrón tiene una masa un pelito mayor que la de esta partícula, de modo que hay suficiente energía emececuadrado disponible para hacer el cambio y entregar además un poquito, sin que se pierda nada. La transformación inversa, de protón a neutrón, claro, no se puede realizar espontáneamente.

Segundo, la carga. Aparentemente, carga se gana en la transformación que comentamos, pues el protón la posee y el neutrón no. Bueno, el asunto tiene arreglo aprovechando ese pelito de mayor masa del neutrón, que equivale a la de dos y medio electrones. Si pudiera formarse un electrón además del protón, sus cargas de distinto signo se cancelarían, mantendrían la neutralidad global inicial, que es lo que tiene que permanecer.

El medio pelito de energía que aún sobra se lo pueden llevar protón y electrón en forma de energía de movimiento. ¿Quedamos contentos? ¿Basta con la conservación de la neutralidad y de la energía? En realidad, no. Es necesario conservar el número bariónico, por ejemplo, del cual hablaremos más adelante. Hay otra cantidad que tiene que mantenerse invariable, la cantidad de movimiento, que es crucial en esta metamorfosis.

Se trata del momentum, o cantidad de movimiento, el que se obtiene multiplicando la masa de cada partícula por su velocidad, y luego sumando las contribuciones de todas las partículas que importan. Por ejemplo, si el neutrón está quieto, la cantidad de movimiento es cero antes de la metamorfosis, y también deberá ser cero después. La suma de las cantidades de movimiento del protón y electrón que resultan debe cancelarse, como se cancelan sus cargas. Nótese que la cancelación es posible si salen en direcciones opuestas, pues la forma de sumar las cantidades de movimiento establece que en ese caso en realidad se restan (¡vaya confusión!). Por ejemplo cuando salta el corcho de una botella de champán, la botella misma salta un poquito en dirección contraria (sólo un poquito, porque su masa es mucho mayor que la del corcho). Cuando estalla una granada, sus pedazos salen en todas direcciones, también para conservar la cantidad de movimiento. Es el principio que usan las naves espaciales para maniobrar: echan un poco de viento para allá, y la nave se acelera un poquito para acá, en la dirección contraria.

Pues bien, cuando uno le pone números a estas exigencias, resulta que el protón y el electrón no pueden conservar al mismo tiempo la energía y la cantidad de movimiento. La carga, claramente sí. La energía sola, salvo excepciones, sí. La cantidad de movimiento sola, también. Pero estas últimas dos, juntas, no. Entonces, ¿cómo se explica que de hecho el neutrón se metamorfosee? Para el caso de núcleos Pauli dijo, ¡tendrá que haber un neutrino! (Si hubiera dicho ¡hágase el neutrino!, la expresión habría estado bien acorde con su personalidad). La historia ya la contamos en el capítulo anterior. Fue esta notable partícula, el neutrino, la que salvó el prestigio de nuestra profesión y explicó cómo ocurría el cambio de neutrón a protón sin que se violara ninguna de esas viejas y queridas leyes de conservación.

La metamorfosis es posible después de todo. Pero ¡hay tantas cosas posibles que no ocurren! Tiene que haber algo, un motorcito interior, que la haga producirse. Por ejemplo, el corcho de la botella no salta si el champán ha perdido todo su gas, si no se logra una buena presión en su interior. La granada no estalla si la pólvora no explota adentro. Ese motorcito que lleva el neutrón en sus interiores es la llamada fuerza débil.

Comparada con la fuerza eléctrica, la débil es cerca de mil veces menor, de allí su nombre. Su acción es típicamente lenta, como lo demuestran los largos minutos que toma la metamorfosis del neutrón. La fuerza fuerte, en cambio, se hace sentir típicamente en un abrir y cerrar de ojos. No. Mucho más rápido: en el transcurrir de una millonésima de millonésima de millonésima de millonésima de segundo.

Otra peculiaridad de la fuerza débil es que la sienten las partículas cuando están extraordinariamente cerca unas de otras. Tan cerca, que la teoría que reinó durante treinta años para tratar esta fuerza, propuesta por Enrico Fermi en 1933, suponía que la distancia para que actúe era cero, y un cero bien cero: ¡cero coma cero cero... cero diámetros nucleares!

Ideas más modernas permitieron que en 1967-1968 Steven Weinberg y Abdus Salam propusieran independientemente una teoría en base a partículas mensajeras como el fotón y los gluones, llamadas W (según Weinberg por "weak", débil en inglés, aunque un mal pensado diría que es por la primera letra de su apellido), y Z (por presunción de que sería la última partícula necesaria para completar el cuadro, como la letra del alfabeto). Predichas por esta teoría, estas partículas fueron observadas por primera vez en 1983 (la W) y en 1984 (la Z) por un grupo europeo dirigido por Carlo Rubbia, quien por ello recibió el Nobel en 1984.

Lo extraordinario de esta teoría es que de ella no sólo sale la fuerza débil, sino también la eléctrica. A pesar de sus evidentes diferencias, ambas fuerzas aparecen como dos manifestaciones de una sola interacción, que hoy llamamos, con esa siempre refrescante imaginación que nos caracteriza, fuerza "electrodébil". Así se unificaron los orígenes de fenómenos tan dispares como la rotura del neutrón y la formación del átomo, posible esto último gracias a la fuerza eléctrica.

Aunque menos espectacular, el descubrimiento de esta unificación tuvo algo del aroma del hallazgo de Newton trescientos años antes: que las mareas, el sistema solar y el caer de una manzana tienen el mismo origen, la fuerza gravitacional. Weinberg y Salam compartieron el Premio Nobel en 1979 por haber elaborado esta hermosa teoría que hoy llamamos, ¡sorpresa!... la teoría de Weinberg-Salam.

El camino de unificar, de reducir cada vez a un menor número los elementos y principios de la caja de herramientas que usamos para explicar la naturaleza, es una de las tendencias más fuertes de nuestra manera de pensar. Quizás en otro planeta hay genios que piensan al revés, que propenden a buscar las formas más complicadas posibles. A veces uno piensa que algunos de estos seres andan por allí disfrazados de terrícolas, pero son excepciones. Queremos terminar con el mínimo de partículas elementales, con el mínimo de fuerzas que las liguen. Hay esperanzas que algún día las cuatro fuerzas podrán derivarse de una sola, una especie de "fuerza Dios", que seguramente en un último acto heroico de febril imaginación llamaremos la fuerza "gravitelectrofuerdébil" o algo así de genial.

Que haya sólo cuatro y no exista alguna otra por allí, quizás muy, muy débil, es una afirmación que de tanto en tanto se pone en duda. En 1986, Ephraim Fischbach (Universidad de Purdue, EE.UU.) logró que la primera página del *New York Times* publicara su proposición de una quinta fuerza. Experimentos con kaones neutros, partículas que se forman de la unión de un daunón y un antiestrañón, y mediciones de la fuerza de gravedad en el interior de la Tierra, le hicieron proponer la existencia de una fuerza repulsiva, unas cien veces más débil que la gravedad y con un alcance característico de unos cien metros.

La sugerencia, que de ser cierta valía un Premio Nobel, motivó una serie de experimentos cuyos resultados negativos terminaron por desprestigiarla. Una quinta fuerza, si fuese real, revolucionaría nuestro modelo del Universo a tal punto que los argumentos a su favor tendrían que soportar numerosas pruebas antes de ser aceptados. En este caso no los soportaron y la sugerencia se derrumbó. Mala suerte la de Dr. Fischbach.

CAPITULO 4
ARMANDO EL ATOMO

Preguntarse de qué están hechas las cosas es sólo una parte de la historia. Es el camino de Demócrito. Pero luego está el camino de Otircómed, cómo armar las cosas juntando sus partes. Una cosa es tener las piezas del puzzle, otra, armarlo. De niños todos jugamos a ensamblar objetos combinando piezas más pequeñas. Bloques de madera, figuras de formas variadas, puzzles, enriquecieron nuestra infancia y nos desarrollaron la imaginación. Si, niños o adultos, tenemos las piezas básicas de la materia, ¿podemos con ellas armar lo que nos rodea? ¿Cuáles son las reglas del juego para construir núcleos, átomos y todo ese mundo de infinita variedad?

Un siglo después de Demócrito, Epicuro escribió: "*Los átomos se agregan en diferente orden y posiciones, como las letras, que, aunque son pocas, al ubicarlas en distintas posiciones, producen palabras innumerables*". En nuestro caso tenemos sesenta piezas, sesenta partículas elementales. Combinándolas sin repetirlas, podemos armar tantos compuestos como pelotas de fútbol se necesitarían para llenar un volumen equivalente al del universo completo (el número se obtiene multiplicando uno por dos por tres, etc., hasta sesenta, y su valor es tan grande que es innombrable, ¡mayor que un ocho seguido de ochenta y un ceros!). Sin embargo, son sólo un centenar las piezas compuestas que importan. ¿Cómo explicarlo? ¿Qué impide que se formen otras combinaciones?

El mundo está sometido a reglas bien definidas y estrictas que hemos ido descubriendo una a una, paso a paso, golpe a golpe, siempre guiados de la mano por lo que observamos en la naturaleza, la cual, paciente y comprensiva, nos ha ido mostrando lentamente el camino.

El extraño encanto de los cuarcs

Una de estas reglas dice que si algo está cargado eléctricamente, *su carga debe ser siempre un número entero de veces la carga del electrón "e"* ($2e$, $3e$, etc.). Es como hablar de mamíferos. Si un animal tiene glándulas mamarias tiene siempre una o más, ¡nunca un tercio!

Sólo los cuarcs escapan a esta regla (son tercios de la carga del electrón), pero como no se los encuentra aislados, la regla permanece en pie para todo lo que observamos. Al combinarlos para armar cosas como el neutrón, deben siempre componer un múltiplo entero de la carga eléctrica del electrón (por suma simple de sus partes).

Por razones históricas, la carga del electrón es negativa, es "-e". La del positrón, su antipartícula, es en cambio positiva y vale "e". Cuando una partícula tiene carga, su antipartícula siempre la tiene también, pero de signo opuesto. Qué signo tiene cada cual es cosa de gusto, y podríamos intercambiar todos los signos sin que variara en nada nuestra comprensión de la naturaleza. Lo importante es, como vimos en el capítulo anterior, que electrón y positrón se atraen, hay una fuerza que trata de acercarlos, y esto se expresa matemáticamente asignando signo diferente a sus cargas.

Las cargas eléctricas de los cuarcs, únicos eximidos de la regla del múltiplo entero, son siempre tercios de e. Un tercio o dos tercios de e, positivo o negativo. Por ejemplo, el apón tiene carga $2e/3$ y el daunón, $-e/3$. El antiapón $-2e/3$, el antidaunón, $e/3$. Ahora, violando por una vez mi firme determinación de no obligar a mi lector a calcular, hagamos unas pocas cuentas. Intentemos formar, con estos cuatro cuarcs, combinaciones que den cargas *e* o *-e*. Llamando "*A*" al apón, "*D*" al daunón, y "*A*", "*D*" a sus antipartículas, la combinación "*ADA*" suma carga *e* (2*e*/3 *-e*/3 + 2*e*/3), mientras la combinación "*DAD*" suma carga cero *(-e/3 + 2e/3 - e/3)*. El primero es nada menos que el protón y el segundo, el neutrón. Con "*AD*" se obtiene el pión, de carga *e* (compruébelo). Combinando el apón con el antiestrañón (carga *e*/3) sale el kaón, también de carga *e*. Un último ejemplo: el botón (carga *-e*/3) con el antibotón forman el Ipsilon, partícula descubierta en Fermilab (Chicago, EE. UU.), en 1977, por Leon Lederman y sus colaboradores. Cuenta don Leon que en los altibajos previos a la confirmación definitiva del descubrimiento, el nombre de la partícula oscilaba entre "upsilon" y "ups-leon".

Siempre múltiplos enteros de *e*, es la primera regla. Aunque ayuda y reduce las combinaciones posibles, no basta, sin embargo. Además de carga eléctrica, para coincidir con lo que se observa en la realidad ha sido necesario asignar a los cuarcs otras características, las cuales en conjunto se llaman "números cuánticos". Son cualidades que se adscriben a las partículas. Incluyen la extrañeza, el encanto, la superioridad, la inferioridad, el número bariónico. ¡Es *extraño* que la naturaleza, a pesar de su *encanto* y aún con aires de *superioridad*, nos haga padecer de un complejo de *inferioridad* por tener que definir cosas tan poco intuitivas como *el número bariónico*! Junto a la carga eléctrica, estas nuevas propiedades completan el cuadro de reglas que buscamos.

Para ilustrar cómo funcionan estos nuevas propiedades, veamos con algún detalle qué ocurre con el número bariónico. Para todos los cuarcs este número es 1/3, mientras para los anticuarcs vale -1/3. Según la regla, las partículas compuestas deben tener número bariónico 1, 0 ó -1 (como con la carga eléctrica, por simple suma de sus partes). Así, el protón (ADA) y el neutrón (DAD) tienen número bariónico 1 (1/3 + 1/3 + 1/3). Como su número bariónico no es cero, a estas partículas se les llama, simplemente, bariones.

El nombre viene del griego, "βαρηζ", que significa pesado. Partículas más livianas como el pión (A*D*), en cambio, tienen número bariónico 0 (1/3 - 1/3), y lo mismo ocurre con el kaón, ambos miembros de la familia de los mesones (de masa intermedia entre bariones y leptones). Esta regla deja fuera combinaciones como "A*DD*", de carga eléctrica 0 (permitida), pero número bariónico -1/3 (prohibido).

Eugenio Ley-Koo, profesor de la Universidad Autónoma de México, inventó un juego de cartas para niños usando estas reglas. Cada carta, con la forma de un tercio de torta, representa un cuarc. El juego consiste en combinar estos tercios de modo de formar bariones y mesones conforme a las reglas mencionadas. Es de alabar que entre los juegos de niños haya alguno que les enseña sobre las cosas más pequeñas ¡a partir de las cuales están hechos sus juguetes y ellos mismos!

Positronium, Q.E.P.D.

El conjunto de partículas elementales y sus números cuánticos asociados constituyen lo que hoy se llama el "modelo estándar". Con los cuarcs se arman los protones y neutrones, con éstos los núcleos. Con electrones y núcleos se arman los átomos, y con éstos, moléculas, líquidos, células, las hojas de este libro y muchas otras formas de materia que nos rodea.

También se pueden armar objetos que no encontramos en la naturaleza, porque, si se producen, duran breve tiempo. Es el caso del positronium, un especie de átomo de hidrógeno formado por un electrón y un positrón. Pudo llamarse electronium, así como el átomo de hidrógeno pudo llamarse protonium. Pero las cosas se llaman como se llaman porque en algún momento hubo que elegir...

Ya mencionamos en el capítulo anterior la elevada mortalidad infantil de la antimateria en nuestro universo.

Electrón y positrón conviven en el positronium apenas hasta que advierten que uno es el anti del otro, aniquilándose luego como un relámpago, mientras un fotón se escapa con la energía para que ésta no se pierda. Es una especie de abrazo suicida, que ocurre apenas en una diezmilésima de millonésima de segundo. El verdadero átomo de hidrógeno, con su electrón y protón, es, en cambio, de larga vida, tan larga que hay algunos viejos como nuestro Universo. Es *estable,* decimos, mientras el positronium es *inestable.*

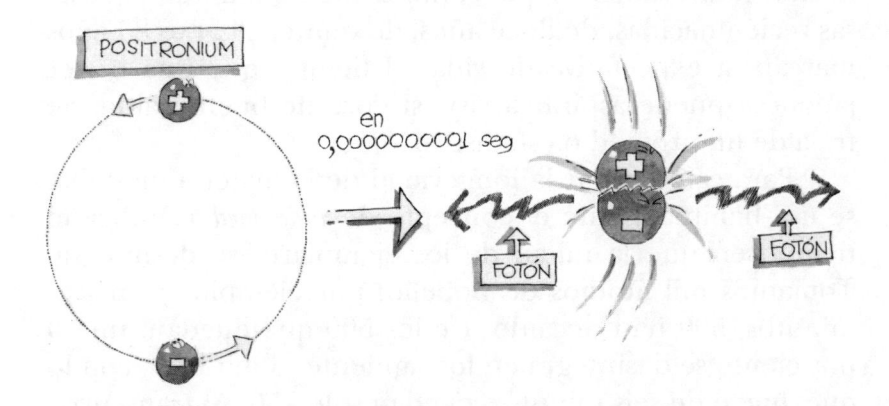

No sólo el positronium es mortal. De los sobre cien tipos de átomo que conocemos, apenas unos ochenta existen en alguna forma estable. Mientras el cobre dura indefinidamente, por ejemplo, el plutonio que se forma en reactores nucleares permanece entre nosotros por veinticuatro mil años, el neptunio dura poco más de dos días y el nobelio, tres minutos. Algunos átomos llegan a la ancianidad, otros mueren (*decaen,* decimos) jóvenes.

Ya que mencionamos al nobelio, de símbolo No, vale la pena Notar de pasada que su Nombre es en hoNor a Alfred Bernhard Nobel, ingeniero químico, solteróN, inventor de la dinamita y creador de los prestigiados premios Nobel.

Volviendo a la mortalidad de algunas especies de átomo, cabe una advertencia. Cuando decimos que el nobelio dura tres minutos, estamos haciendo una afirmación estadística.

Vale para los nobelios como conjunto en un material que los contiene, no se aplica literalmente a cada uno. No puedo decir que este nobelio particular que se formó hace 2 minutos y 59 segundos va a desintegrarse ¡ahora! Los tres minutos indican la duración aproximada, como explicaré pronto. Afirmaciones estadísticas como ésta son habituales en ámbitos como el de la población. Por ejemplo, cuando uno dice que la mujer en Japón vive 83 años, esto no pretende significar que todas las mujeres llegan a esa edad. De hecho, todos sabemos que continuamente mueren japonesas recién nacidas, de doce años, de veinte, etc. Los 83 años marcan la expectativa de vida, el tiempo que una mujer japonesa puede aspirar a vivir si goza de buena salud. Se trata de un promedio estadístico.

Para caracterizar la longevidad de la materia inestable se usa habitualmente el concepto de *vida media*. Indica el tiempo en que la mitad de los ejemplares se desintegra. Tomamos mil átomos de nobelio, por ejemplo, y en tres minutos, 500 han decaído. De los 500 que quedan, un 50 por ciento se desintegra en los siguientes 3 minutos, con lo que, luego de seis minutos, quedan sólo 250. Al transcurrir otros tres minutos quedan 125 y al cabo de los siguientes tres, 62 ó 63, *con igual probabilidad*. Nótese que en un mismo tiempo decae siempre la mitad de los que quedan: es la ley de disminución *exponencial*. Siguiendo esta regla, al cabo de un total de treinta minutos queda sólo un átomo sin decaer. No se piense que si partimos con cien veces más nobelios, cien mil en vez de mil, también quedará sólo uno luego de treinta minutos. No, la ley exponencial dice que quedan cien: aumentamos en cien el número inicial, y se aumenta también en cien el número que queda en cada etapa.

El fin del positronium es la aniquilación mutua entre el electrón y el positrón que lo acompaña. Obedece a la atracción fatal de la materia y la antimateria correspondiente. En el caso de los átomos, formados sólo de materia, ocurre otra cosa cuando decaen. El inestable es el núcleo, y la fuerza que provoca el cambio es la fuerza débil, la misma que activa la metamorfosis del neutrón, como explicamos en el capítulo anterior. Se divide espontáneamente una o más veces cuando es muy masivo, hasta que alcanza alguna forma estable que no se divide más. El núcleo de polonio (con 84 protones y 126 neutrones), por ejemplo, pierde dos protones y dos neutrones, convirtiéndose en uno de plomo (82 protones, 124 neutrones). El átomo que queda no es neutro, claro, pues tiene más electrones que protones; pero aquéllos se van pronto y dejan atrás un átomo de plomo común y corriente, que es perfectamente estable.

Cinturones radiactivos

Estamos hablando de radiactividad, una especie de estornudo de la materia. Famosa por sus aplicaciones médicas, su nombre viene del radio, elemento que descubrió junto con el polonio, en 1898 en la Sorbonne de París, Marja Sklodowska (más conocida como María Curie). La presencia de extrañas emisiones de la materia ya se conocía en esos días. Una de ellas, los rayos X, había sido anotada por vez primera, en 1895, por Wilhelm Röntgen. Por este hallazgo Röntgen fue galardonado con el primer Premio Nobel de Física, en 1901. Algunos meses después, Henri Becquerel observó emisiones diferentes en el uranio. Sklodowska demostró que las emisiones del radio eran de la misma especie que las de aquel elemento.

Así como a los rayos de Röntgen se les llamó X por su naturaleza misteriosa, a estas nuevas emisiones, sin saber qué eran y en ausencia de un nombre mejor, se les llamó "alfa", primera letra del alfabeto griego. El nombre "radio" viene del latín *radius*, que significa rayo. Por su parte, "polonio" recuerda el noble país natal de Sklodowska, Polonia. Por el descubrimiento de la radiactividad Marja compartió el Premio Nobel de Física de 1903 con su marido, Pierre

Curie, y con Henri Becquerel. Como si fuera poco, recibió el Nobel de Química de 1911 por el hallazgo mismo del radio y el polonio.

En esos años fueron apareciendo otras radiaciones de origen desconocido, como los llamados rayos beta (segunda letra del alfabeto griego), que resultaron ser simples electrones. También surgieron los rayos gama (tercera letra...). Aunque al principio no se sabía qué eran, luego se identificó a los rayos X y gama como formas de luz más energéticas que la luz visible.

Entre 1901 y 1908 seis personas ganaron el Nobel por el estudio de emisiones nucleares. Tanta era la seguidilla de radiaciones, que uno que otro pensó que el camino para hacerse notar por la pequeña comunidad científica de la época, y quizás ganar un Nobel, era descubrir una nueva radiación. Famoso es el caso de René Blandot, respetado profesor de la Universidad de Nancy, que en 1903 tuvo ocupados a numerosos investigadores en el estudio de ciertos rayos "N" que resultaron imaginarios. Hicieron famoso a Blandot más por la sospecha de fraude que por su buen trabajo científico. Y por suerte para el prestigio de los premios, no alcanzó a obtener el Nobel ni ningún otro.

La fascinación de la época por todo lo radiactivo fue grande. Pocos años después del descubrimiento del radio ya se vendían en el comercio caramelos, tónicos y cremas radiactivas. El "Radioendocrinador" era una prenda dorada radiactiva, que, según decía la propaganda, lucida como collar rejuvenecía la tiroides, y como cinturón, las glándulas suprarrenales o los ovarios. Otro producto supuestamente curaba la impotencia. La poción de agua radiactiva "Radithor", no sólo se vendía para curar a los locos sino que rejuvenecía todo. Llegó a ser tan popular, que entre 1925 y 1930 se vendieron más de cuatrocientas mil botellas, con márgenes de ganancia del quinientos por ciento. Entre otras virtudes, un aviso de prensa de la época anunciaba que gracias al Radithor terminaría el analfabetismo, y los asilos de enfermos mentales acabarían vacíos.

Hacia fines del siglo pasado, la medicina basada en tratamientos de luz solar, ejercicio, aguas termales y todo lo natural, era la preferida. Cuando se descubrió que las benéficas aguas termales contenían radón (86 protones, vida media de casi cuatro días), este elemento radiactivo se convirtió de inmediato en agente milagroso de sus poderes curativos y la fama de la radiactividad aumentó aún más en la medicina natural. Popularidad que duró hasta que... hasta que... hasta que se descubrió que el radio enfermaba y mataba.

Los pintores de números y punteros en relojes, que usaban esa pasta verde que despide luz propia y se ve de noche, dieron la primera señal de alarma. Hoy se usa pintura que se activa con la luz del sol o de una lámpara (la luz queda atrapada en el material y se libera lentamente como producto de una especie de digestión, con un tiempo de vida de algunas horas), pero antiguamente se utilizaban ingredientes radiactivos para hacerla luminosa.

Estos pintores comenzaron a enfermar de los riñones y los huesos, mal que también aquejaba a los químicos que manipulaban el radio. El problema adquirió caracteres de escándalo con el caso de Eben Byers, millonario norteamericano, campeón de golf y criador de caballos, que murió en 1932 con todos sus huesos y dientes destruidos y además, con lo que quedaba de ellos, altamente radiactivo. Entre 1927 y 1931 había bebido más de mil botellas del elixir rejuvenecedor Radithor. Su "juventud" llegó a tal grado que murió, destruido, a los 52 años... El titular, en primera página del *New York Times*, decía "*Eben M. Myers muere por envenenamiento con radio*".

Con el caso Myers terminó el supuesto milagro curativo del radio. Y como epítome trágico, moría de cáncer dos años después su descubridora, Marja Sklodowska, la primera mujer que obtuvo un Premio Nobel, la primera persona que obtuvo dos Nobel en su vida, y sin duda una de la mejores experimentalistas de este siglo. Su enfermedad se atribuye a la ignorancia que había entonces de los peligros de trabajar con substancias radioactivas, sin tomar precauciones. En los laboratorios y reactores donde hoy se producen estas radiaciones, es necesario llevar continuamente un pequeño detector, que registra el monto acumulado en la persona que lo porta. Gruesas paredes de concreto y plomo suelen rodear las zonas más contaminadas, con el fin de absorber las radiaciones e impedir que salgan a las zonas donde circulan personas, y al exterior.

Atomos y poesía

En tiempos de María Curie no se sabía nada de núcleos, ni de protones ni de neutrones, por lo que no es raro que se haya venerado, casi idolatrado, la radiactividad. El ser humano tiende a adorar aquello que lo fascina. Para muchas civilizaciones primitivas, el Sol, ese natural reactor nuclear tan corriente en nuestra galaxia, fue una deidad única. El corazón humano fue considerado como el asiento de los sentimientos, hasta que Galeno, y otros, nos convenció de su función de bomba hidráulica, que hace circular la sangre por el cuerpo y permite que cada célula reciba su cuota justa de nutrición. Los magos y los adivinos conocen muy bien esta tendencia, y la explotan. Sin embargo, cuando el asunto se estudia y comprende a la luz de las leyes naturales, la idolatría cesa y es reemplazada por una justa admiración hacia los mecanismos internos del objeto.

La gente reclama que se está "desencantando" la naturaleza, que se le está quitando la poesía. Quizás sea cierto, pero la culpable no es la ciencia. Al estudiar la naturaleza y conocerla, el encantamiento primitivo se desplaza hacia ámbitos influidos por la cultura. Ya no es una pretendida divinidad del Sol lo que fascina, sino su belleza natural, la maravillosa ebullición y febril actividad de reacciones nucleares que hay en su interior, de la cual se desprenden esa luz y calor que tanto apreciamos. Para apreciar esa belleza y esos procesos internos se requieren una sensibilidad y conocimiento que la percepción mágica no exigen. Destronar a los magos no ha sido un desastre para la humanidad. Ha ocurrido aparejado con una mayor riqueza espiritual, pues se ha tornado más compleja la percepción de la naturaleza. En la medida que esta mayor riqueza se perciba y aprecie, no hará falta el simbolismo mítico propio de las culturas primitivas.

En cuanto a la poesía... ella no está en las cosas, no está en la Luna, ni en el Sol, ni en el corazón, ni siquiera en los lirios del campo. Está en la mente humana. Cuando, en el siglo de la mecánica cuántica, dice un poeta como Pablo Neruda

> *Deja que el viento corra*
> *coronado de espuma,*
> *que me llame y me busque*
> *galopando en la sombra...*

no queda duda de que la inspiración tiene raíces más profundas. Que habrá siempre un lenguaje poético para expresarse conforme a los tiempos, atendiendo a lo que se sabe y a lo que aún se ignora ¡que siempre es mucho más!

Léame, ¡no sea bismuto!

Por muchos años, la emisión del uranio, del radio, del polonio, fue un misterio insondable. ¿Qué son esas radiaciones y cómo y cuándo se producen? ¿Vienen del átomo o de sus compuestos? Y si vienen del átomo ¿de qué parte?
    Hoy sabemos que la clave está en el núcleo atómico. Entender las emisiones alfa, beta y gama tomó muchos años, que se inician con los experimentos de Ernest Rutherford (Lord Rutherford of Nelson), Premio Nobel en 1908. En uno de esos experimentos, Rutherford hizo pasar las emisiones del radio a través de una lámina muy delgada de oro. Ya se sabía que los rayos alfa eran partículas cargadas positivamente, y que en el átomo de oro había electrones negativos inmersos en carga positiva que neutralizaba de alguna manera el conjunto. Los choques de unos con otros desviarían a las partículas de acuerdo a cómo estaba distribuida la carga eléctrica positiva en los átomos. Por esos tiempos se creía que el átomo era como una minúscula sandía, una esferita llena de carga positiva (la parte sabrosa), con los electrones incrustados en ella (las pepas). Era un modelo atribuido a Joseph John Thomson, que no convencía a Rutherford, el cual escribió a un colega: "*Creo que puedo idear un átomo muy superior al de J. J.*" En el experimento, al pasar a través de la lámina de oro, las partículas alfa se desviarían de su trayectoria original, unas más y otras menos según por donde pasaran, formando una mancha en un detector más allá de la lámina. La apariencia de la mancha delataría cómo se distribuye la carga eléctrica, si efectivamente la positiva ocupa todo el volumen del átomo como sugería J. J., en cuyo caso las desviaciones serían pequeñas. Sin embargo, como describe Rutherford en una carta a su colega Hans Geiger, "*fue el suceso más increíble de mi vida. Era casi tan sorprendente como si al disparar hacia una hoja de papel una bala de cañón de 15 pulgadas, ésta rebotara para pegarnos*". Calculando y calculando, tratando de ajustar

el modelo a lo observado, Rutherford concluyó que *"el átomo debe contener un núcleo altamente cargado"*. La fruta correcta no es la sandía, sino más bien una guinda, sólo que su diminuto carozo (una pulga en un estadio, recordemos), ocupa, según su propia estimación, apenas un milmillonésimo de millonésimo del volumen total del átomo. Había descubierto el núcleo atómico.

Esto ocurrió en mayo de 1911. En febrero de 1932, en vísperas de la mayoría de edad del núcleo, James Chadwick publicó un trabajo bajo el título *Posible existencia de un neutrón*. La existencia de esta partícula había sido sugerida por Rutherford en 1920, pero nadie la tomaba en serio por esos días. Formado por Rutherford y fiel a las intuiciones de su maestro, Chadwick interpretó como neutrones ciertas emanaciones que surgían del bombardeo con partículas alfa de átomos de berilio. Una actitud audaz, pues hasta entonces se daba por descontado que se trataba de radiación gama, también eléctricamente neutra. Se había descubierto el neutrón, partícula importantísima para entender nuestro universo. Por su descubrimiento Chadwick recibió el Nobel en 1935. El aparato que usó en su experimento es un cilindro un poco mayor que un lápiz, como se puede comprobar visitando el Laboratorio Cavendish, en Cambridge, Inglaterra. A veces, grandes hallazgos se hacen con los métodos más sencillos...

Los descubrimientos prosiguieron. En 1938 fue la fisión del núcleo, por la cual Otto Hahn recibió el Premio Nobel de Química en 1944. Fue tal la sorpresa que, al anunciar el hallazgo, Hahn y su colaborador Fritz Strassman advierten: *"puede que una serie de coincidencias inesperadas nos estén engañando"*.

La fisión es una especie de radiactividad masiva en que el núcleo se parte, no ya en dos pedazos, uno grande y uno pequeño, sino en varios trozos de diverso tamaño. En general, ocurre cuando se bombardea al núcleo con neutrones. Por ejemplo, el uranio (92 protones) puede tragarse al neutrón que lo choca, partiéndose pronto en fragmentos que incluyen un núcleo de criptón (36 protones), uno de bario (56 protones) y tres neutrones. Si los neutrones que quedan libres chocan a su vez con otros uranios en su vecindario, la misma reacción produce nueve neutrones (tres veces tres); si ahora los nueve chocan, salen 27 neutrones. En la décima generación ya se producen casi sesenta mil neutrones y en la vigésima, casi tres mil quinientos millones. Es la reacción en cadena, que desemboca en la explosión nuclear. Controlada, es decir, cuando se arreglan las cosas para que de los tres neutrones que salen de cada choque sólo uno repita el proceso, el mecanismo se utiliza para producir energía eléctrica en reactores de potencia.

¿Cómo entender la fisión del núcleo? Una teoría bien hecha, que permita calcular cosas en detalle, explicar o predecir comportamientos, es en general muy técnica y abstracta. Pero las ideas matrices son siempre simples. Imaginemos el núcleo como un paquete lleno de neutrones y protones, 92 protones y 143 neutrones en el caso del uranio. Los protones, cargados eléctricamente, se repelen con gran fuerza, como explicamos en el capítulo anterior. Por otro lado, protones y neutrones se atraen por intermedio de la fuerza fuerte. El paquete, entonces, lleno de protones y neutrones, también está lleno de gluones y fotones que aparecen y desaparecen haciendo cada uno lo suyo.

Es como una gran danza, o, si se quiere, una fenomenal lucha entre los que quieren al núcleo unido (los gluones), y los que lo quieren separado (los fotones). Quién gana, no cabe duda, en el hierro, por ejemplo; es claramente la fuerza nuclear, y el núcleo de este átomo resiste categóricamente los bombardeos externos. Pero, en el caso del uranio, hay un equilibrio de fuerzas muy precario. Las fuerzas atractivas y las repulsivas mantienen un equilibrio que se puede quebrar con facilidad. Si un neutrón lo impacta y es absorbido, el diminuto terremoto que desencadena, en un millonésimo de millonésimo de segundo produce el rompimiento del núcleo. Actúa como si a un globo inflado hasta que casi se revienta se le agrega un pelito más de aire, o se le acerca una aguja, explotando. La analogía no es perfecta, porque aparte del alarmante ruido, quedan sólo unos trozos planos de goma esparcidos por el suelo. Si imaginamos en cambio que estos trozos son globitos más pequeños que el globo original, la comparación mejora.

Sólo los núcleos más pesados se fisionan, y a partir de 84 protones todos son inestables. Más allá del plomo (82 protones), sólo el bismuto (83 protones), el más pesado de los que perduran, es estable. Si esta "materia blanca" (del alemán, *weissmuth*) no hubiera sido tan opacada desde principios de la civilización por la versatilidad práctica de su vecino, sin duda se diría del antipático que "es un bismuto", en vez de "es un plomo".

La forma en que se parten los núcleos es diversa. Puede ser por fisión, o por emisiones alfa (núcleos de helio), beta (electrones) o gama (fotones). En estos últimos dos casos, los cambios en el núcleo son pequeños, como en un estornudo. El radio (88 protones, vida media 1.600 años), por ejemplo, decae emitiendo las pequeñas partículas alfa y radiación gama. Primero se transforma en radón (86 protones), el que a su vez decae para convertirse en polonio (84 protones), emitiendo finalmente una partícula alfa para formar plomo, que es estable. Se trata de toda una secuencia de transformaciones: partiendo de un átomo de radio se termina en un átomo de plomo, tres partículas alfa y seis electrones. Estos últimos no vienen del núcleo mismo, sino de las capas externas del átomo original, y se liberan para dejar al plomo terminal eléctricamente neutro. Cuando "estornuda" el núcleo de neptunio, en cambio, no emite una partícula alfa sino un electrón, un antineutrino y un rayo gama. En este caso un neutrón se transformó en protón, apareciendo otras partículas para que no cambie la carga eléctrica total, la energía o la cantidad de movimiento, magnitudes que deben conservarse siempre.

La verdadera edad de Miss Chile

Si alguien se hizo la ilusión de que con un centenar de núcleos y los átomos que forman se completaba la historia, no se engañe. He callado deliberadamente hasta el momento que, en realidad, un mismo átomo (definido por el número de protones que posee) puede existir en una variedad de especies diferentes. Son los *isótopos*, de gran importancia en tratamientos médicos.

Del uranio, por ejemplo, no conocemos una sino seis variedades que se diferencian por el número de neutrones que acompañan a los protones en el núcleo. Los hay con 140, 141, 143, 144, 146 y 147 neutrones junto a sus 92 protones. Todas estas formas son inestables y decaen emitiendo, o bien una partícula alfa y un fotón gama, o un electrón.

Sólo uno de los isótopos del uranio abunda en la naturaleza. Se trata del U^{238} (238 es la suma de sus protones y neutrones), cuya vida media es de más de cuatro mil quinientos millones de años, cercano a la edad misma de la Tierra. Decae en otros elementos radiactivos, formando una larga cadena de catorce eslabones que termina en el plomo (Pb^{206}), liberando de paso ocho núcleos de helio y seis electrones. La larga vida de este isótopo se ha aprovechado para determinar la antigüedad del planeta. Como decae en plomo 206, basta medir la proporción de ambos isótopos en las piedras más antiguas. El método se podría comparar a la estimación que uno hace de la antigüedad de la fruta en un supermercado. Supongamos que la vida media de las peras, por ejemplo, desde que salen del árbol, es veinte días. Uno palpa unas pocas y se da cuenta que una de cada dos está pasada; puede entonces concluir que hace veinte días salieron del frutal. En el caso del U^{238} y el Pb^{206}, siendo la cantidad actual de átomos de una y otra especie muy similar, y sabiendo que la mitad de la muestra original debió decaer en cuatro mil quinientos millones de años, entonces ésta es la edad aproximada de la Tierra.

La antigüedad de los seres vivos, en cambio, todos más recientes, se puede estimar por su contenido de carbono 14 (6 protones, 8 neutrones, vida media 5.730 años). El carbono corriente que ingieren las plantas es el carbono 12 (6 protones, 6 neutrones), pero cada cien millones de este elemento, uno es de la variedad inestable, el C^{14}. Así, cuando alguien se come una guinda, está ofreciendo a su aparato digestivo unos quinientos trillones de átomos inocuos de C^{12} y cinco billones de ejemplares radiactivos de C^{14}. El organismo no diferencia entre ambos y los incorpora a huesos y tejidos en esa misma proporción. Al morir Miss Chile, una hermosa momia que se conserva en el Museo de San Pedro de Atacama, sus restos tenían esa misma proporción de ambos isótopos: uno entre cien millones. Hoy, sin embargo, la proporción es menor, pues muchos C^{14} han decaído en el intertanto, formando nitrógeno. Midiendo esta cantidad y aplicando la ley exponencial ya mencionada, un poco de matemáticas permite obtener la edad de la momia (¡si Miss Chile lo supiera, de cerca de mil años de edad, ciertamente no lo permitiría!). El decaimiento del $C^{14,}$ con su tiempo de vida de 5.730 años, se presta para medir con bastante precisión edades de hasta unas diez veces ese valor. Las momias del período Chinchorro, en la zona de Arica, en el norte de Chile, que datan hasta ocho mil años, han sido fechadas usando este método.

La lenteja de cobalto

Los fragmentos de la fisión nuclear suelen salir con enorme energía. Son producto de una especie de fenomenal miniexplosión. Por ejemplo, la partícula alfa que despide el núcleo del radio, sale con tal impulso que si fuese una pulga, su velocidad sería, en proporción, más que suficiente para quedarse en órbita terrestre.

Si la pulga choca contra un globo inflado, podemos imaginar lo que le va a pasar al globo. Algo similar ocurre cuando la partícula alfa choca contra un átomo. Quizás éste no explote, pero ciertamente lo va a romper, le va a sacar electrones, lo va a ionizar.

Al atravesar tejidos vivos, el efecto puede ser fatal para la célula: puede alterar moléculas que llevan la información genética provocando su mutación, y volverla, por ejemplo, cancerígena. Usada juiciosamente, la radiación nuclear puede curar el cáncer, detener el crecimiento anormal de glándulas hipertrofiadas, ayudar en el diagnóstico de enfermedades, y en una variedad de otras aplicaciones beneficiosas para la humanidad. Si se la maneja con ignorancia, en cambio, esteriliza, produce cáncer, y, en grandes dosis, destruye y mata.

El cobalto 60 (Co^{60}, 27 protones y 33 neutrones) se usa con frecuencia para destruir tumores cancerosos, irradiar instrumentos quirúrgicos para destruir bacterias contaminantes, esterilizar alimentos, localizar trizaduras en aviones. Como vemos, es vasta la gama de aplicaciones. Se trata de un isótopo del cobalto, elemento usado desde la antigüedad (en su forma estable, Co^{59}) para hacer tintas azules. La vida media del Co^{60} es de 5 años y 4 meses, poco comparado con la edad de la Tierra; por ello no se lo encuentra en estado natural: todo el que pudo producirse hace cinco mil millones de años ciertamente decayó. Para obtenerlo artificialmente se bombardea el Co^{59} con neutrones. Decae emitiendo un electrón y un fotón gama.

Como los átomos son muy pequeños, en una muestra de cobalto del tamaño de una lenteja hay cerca de diez mil millones de millones de millones de átomos, cada uno con su núcleo, de modo que bastan unos pocos gramos para producir una gran cantidad de electrones y fotones energéticos cada segundo. Un granito de itrio radiactivo colocado en una glándula pituitaria enferma es suficiente para destruirla con su radiación beta. A veces la fuente radiactiva se incrusta o inyecta en el organismo, y a veces se ingiere por vía oral. Por ejemplo, si uno traga yodo 131 disuelto en agua, es absorbido inocentemente por la glándula tiroides, sin imaginarse siquiera que la acción es suicida. Con un tiempo de vida de ocho días, decae emitiendo un electrón y un fotón, y al hacerlo, destruye células a su alrededor. La radiación que logra escapar de la glándula ennegrece las placas fotográficas. En dosis pequeñas, el efecto lo usan los médicos para obtener una imagen de la glándula, y en dosis más grandes, para reducirla o eliminarla cuando está hipertrofiada o enferma.

Átomos radiactivos hay por todas partes y su número aumenta con cada explosión nuclear que ocurre en el mundo. Afortunadamente, los niveles de radiación ambiental aún no han llegado a ser muy altos. Sin embargo, cada nueva bomba que se prueba, o accidente que ocurre en una central nuclear, produce materia radiactiva que se suma a la que ya hay y queda como legado para nuestros descendientes. Si bien va decayendo paulatinamente, la mitad del plutonio radiactivo que hoy existe perdurará 24.400 años más, listo para decaer destruyendo cuanta célula viva esté a su alcance, ¡si es que para entonces queda alguna!

Desde que el mundo es mundo ha habido radiación ambiental, no sólo porque se producen elementos radiactivos en forma natural por aquí y por allá, sino también porque llega radiación desde fuera. Es la llamada radiación cósmica, que trae fotones de todas las especies, protones, electrones, neutrinos. Estas partículas vienen mayoritariamente del Sol, pero también nos llegan desde más allá del sistema solar. Los dañinos neutrones casi no aparecen en esta permanente lluvia, pues, como ya vimos, en unos minutos el neutrón aislado se transforma en un protón. Los neutrinos, en cambio, son tan abundantes que, como ya advertí antes, cada segundo pasan a través de su cuerpo, querido lector, un millón de millones de neutrinos. Afortunadamente son como pequeños fantasmas y no dejan rastro mientras nos atraviesan o incluso atraviesan la Tierra completa. Son tan elusivos, que cuando era pequeño un buen amigo quería ser neutrino para pasar inadvertido.

Cara o sello: la insoportable incertidumbre de las monedas

El agua hierve a cien grados celcius y mañana saldrá el Sol a las 6:47 a. m. Son números precisos y confiables. ¿Por qué hablamos de vida media? ¿Por qué dije más arriba que el neutrón decae *en unos* minutos? ¿Por qué no decir "14 minutos y 47 segundos", derechamente? ¿O por qué al Co^{60} le asociamos una *vida media* de 5 años y 4 meses, en lugar de decir que decae exactamente en ese lapso? Sólo la mitad de los núcleos se transforma luego de transcurrido ese tiempo; ¿qué ocurre con la otra mitad? ¿Acaso son estos últimos diferentes de los primeros?

No, son exactamente iguales. Sucede que en el ámbito de lo muy pequeño nuestra sabiduría sólo se limita a anticipar probabilidades. Sólo podemos hacer predicciones probabilísticas. La situación no parece muy diferente de otras áreas donde también se usa el concepto de probabilidad, como la economía, la medicina, el juego de ruleta. Sin embargo, la similitud es sólo aparente: mientras en estos ámbitos la probabilidad se usa por conveniencia, en el caso del núcleo o del átomo se usa por necesidad. La distinción es importante y merece más explicación. ¿Cuál es el concepto de probabilidad?

Cuando uno deja caer una moneda, luego de rodar terminará con una u otra cara expuesta. ¿Verdad? Bien. Usando las leyes de Newton para el movimiento (efeigualemeporá y otro par), podríamos predecir en detalle cómo quedará la moneda al detenerse si sabemos cómo empieza su movimiento, vale decir, en qué posición y desde qué altura la hemos soltado. El cálculo es posible, aunque bastante complicado. Mucho más sencillo es asociarle una probabilidad a que caiga "cara" y una a que caiga "sello". Para hacerlo, nótese que si tiramos la moneda mil veces, muy cerca de la mitad de las veces terminará siendo cara, la otra mitad, sello. Vale la pena hacer la prueba. De las mil tiradas, el 50 por ciento resulta cara, el otro 50, sello. Este resultado se puede entender si uno tiene presente que en cada tirada hay diferencias en la forma cómo la moneda parte de la mano. Al tirar mil veces, hay mil diferentes situaciones iniciales, la mitad de las cuales favorece cada uno de los dos resultados: cara o sello.

Ahora, ¿qué podemos decir de *una tirada* sin calcular nada o hacer ningún experimento previo? Aquí entra la idea de probabilidad: sólo en base a la igualdad aparente de ambas caras de la moneda, decimos que *la probabilidad* que caiga cara es 50 por ciento y *la probabilidad* que caiga sello es también 50 por ciento. Sobre el conjunto afirmamos algo categórico y predictivo (al tirar muchas veces, la mitad saldrá cara); sobre un solo caso (tirar una vez la moneda) afirmamos en cambio algo probabilístico. Lo importante es que, en principio, usando las leyes de Newton podemos calcular el resultado de cada una de las mil tiradas; usamos la probabilidad sólo por conveniencia. En el caso del núcleo, en cambio, *no podemos* calcular el tiempo en que este o aquel ejemplar se convertirá en un protón. En las cosas pequeñas existe una incertidumbre ineludible. No es un problema de dificultad en el cálculo, sino de imposibilidad de hacerlo.

Casi casi cero...

¿Cómo entender esta incertidumbre? Werner Heisenberg nos enseñó a reflexionar sobre el problema. Supongamos que chocan dos naranjas iguales. Estando una quieta sobre una mesa, por ejemplo, la otra se echa a rodar para que la golpee medio a medio. ¿Qué pasa? La que estaba quieta se moverá como la que llegó, y esta última quedará quieta como la primera. (Puede probarlo, aunque cuesta encontrar dos naranjas esféricas e iguales; mejor, pruébelo con dos rodamientos de acero o dos bolas de vidrio.) Es como un relevo en las carreras de posta. El choque completo se puede calcular con todo detalle y lo que se ve es igual que lo que resulta de las ecuaciones.

Las naranjas son objetos grandes. ¿Pasa lo mismo entre átomos? Cuando alguien mira este libro, "ve" en realidad una multitud de fotones que ha llegado a su retina y formado una imagen de este incomparable objeto, que luego va al cerebro. Cada fotón trae información de posición y color, y la transmite a una célula de la retina. Los fotones se originaron en una lámpara o quizás en el Sol, rebotaron en el papel y luego alcanzaron el ojo. En el libro y en la retina ocurre un choque entre fotones y átomos. Para el lector, ¿cambió el libro por efecto de este bombardeo de fotones? No lo ve igual todo el tiempo, como si no pasara nada. Entonces, ¿en qué quedamos? En el libro sucede algo, hubo millones de millones de choques de fotones que venían de fuera, con átomos del papel, cada segundo; pero no advertimos ningún cambio. ¿Qué anda mal?

El problema es pasar del ámbito atómico, en el cual ocurre el choque fotón-átomo, al ámbito de lo grande, donde se registra lo que sucede. En los objetos grandes percibimos en general sólo promedios de lo que ocurre en detalle. Sin embargo, podemos insistir y esforzarnos por registrar el efecto de uno de esos choques en particular. ¿Cómo hacerlo? Si del choque el fotón recoge la información que queremos sobre el electrón, ¿cómo sacarle el secreto a aquél sin caer en la serie infinita de tener que usar para ello otro átomo, y luego otro fotón, para sacarle la información a ése, y luego otro átomo, etc.? Heisenberg dice "*cada experimento destruye algo del conocimiento alcanzado en experimentos previos*". En el choque, ambas minúsculas partículas ven seriamente afectado su movimiento, como las naranjas del ejemplo que puse más arriba. El problema es cómo llegar a enterarnos de lo que sucedió.

Heisenberg le dio a esta dificultad una formulación precisa, que nos sitúa ante una realidad sorprendente: nos obliga a renunciar a conocer todo en detalle. Escribió una fórmula que expresa, por ejemplo, que el conocimiento exacto de la posición de un átomo implica la ignorancia total de su velocidad, y viceversa. De la misma manera el conocimiento exacto del campo eléctrico en un punto del espacio nos impide conocer el campo magnético en una dirección perpendicular. Y el conocimiento preciso de la energía de un electrón nos impide saber cuándo la tenía..., etc. Es el principio de incertidumbre de Heisenberg.

La incertidumbre invade todo lo atómico y nos fuerza a renunciar a la exactitud de las predicciones, aunque sí nos permite asociar probabilidades a las diferentes cosas que pueden ocurrir. Por ejemplo, podemos decir que la probabilidad de encontrar un hueco sin tinta, del tamaño de un átomo, en el centro del punto de esta "i" es 0,01 por ciento; o podemos decir, con probabilidad de un 27 por ciento, que por ese lugar acaba de pasar un electrón, etc. En el mismo sentido, cuando se trata de la metamorfosis del neutrón o del decaimiento radiactivo del Co^{60}, estamos forzados a hablar de probabilidades: el primero, con un 50 por ciento de probabilidad se transformará en un protón en algo menos de quince minutos, mientras que el segundo lo hará, con igual probabilidad, en níquel, en los próximos cinco años y cuatro meses.

Asignar probabilidades a los posibles resultados de tirar una moneda es conveniente pero no estrictamente necesario;

hacerlo para el tiempo que tomará en decaer un núcleo radiactivo es lo único que sabemos hacer... Ante esto, del átomo mismo ¿qué podemos decir? Muchísimo, aunque siempre respetando la incertidumbre reinante y el lenguaje de probabilidades. Por ejemplo, podemos localizar los electrones cuanto queramos. Sin embargo, mientras más localizados están, más ignorancia tendremos acerca de su velocidad. Si sabemos que se encuentran en el interior de ese átomo que hay allí (una esferita de un cienmillonésimo de centímetro de diámetro), ¡tenemos que resignarnos a un error en su velocidad que puede llegar a unos centenares de millones de kilómetros por hora! La incertidumbre es mayúscula en este ejemplo. Si nos imaginamos al electrón como un pequeño planeta girando alrededor del núcleo, tendríamos que precisar más aún su posición, pues los planetas son siempre más pequeños que el volumen en que se encuentran. Mayor, entonces, sería la ignorancia de su velocidad. Por esto, el modelo de átomo como sistema planetario, el más fácil de visualizar y que a menudo se presenta a los niños, no sirve, y hoy sólo tiene un valor histórico.

El modelo planetario del átomo fue propuesto por Niels Bohr en 1913, poco después que Rutherford descubrió el núcleo atómico. Podría decirse que es lo primero que a alguien se le ocurriría: si hay una carga eléctrica positiva en el centro, y los electrones son atraídos a ella en forma similar a como el Sol atrae a los planetas, ¿no resulta natural pensar que el átomo es un pequeño sistema solar? Para evitar el desastre de la caída al núcleo, Bohr simplemente postuló que el electrón sólo podía ocupar ciertas órbitas, como si estuviera dentro de una cebolla a la cual se le han sacado algunas capas internas dejando caminos huecos para que el electrón se mueva. Dio además una simple y exitosa receta para encontrar esos caminos.

Si el modelo planetario no es la respuesta ¿qué modelo intuitivo podemos usar entonces? Esto ya es cosa de gusto, porque en el nivel atómico, que no experimentamos por su pequeñez, la intuición ordinaria no tiene rigor. Para Cristóbal es como un melón con cosas raras adentro. A veces imagino los átomos como aromas, las flores amarillas del aromo. También me gusta la imagen de una mota de algodón con una pelusa en el centro. El algodón representa los electrones y la pelusa, el núcleo.

Representar al electrón, un objeto que consideramos puntual, como un algodón, algo extendido y difuso, es en cierto sentido una confesión de ignorancia. Puesto que no se puede fotografiar un átomo que lo muestre como un pequeño sistema solar, con puntitos aquí y allá representando a los electrones, la imagen del algodón sirve para destacar la región donde es más probable que se encuentren estas partículas. Es decir, si buscamos electrones cerca del núcleo, casi seguro que los vamos a encontrar allí. Si en cambio el átomo está en Madrid, y buscamos sus electrones en Nueva York, la probabilidad de encontrarlos allá es bastante cercana a cero. No cero, pero casi casi.

Casi. El descubrimiento del mundo de lo más pequeño nos ha dado muchas sorpresas. Nos dio las antipartículas, que ya mencionamos. Ahora nos da este "casi", que parece broma. Cosas que en la vida real no observamos, como que de pronto alguien vea a mi lectora en Calcuta, en el mismo instante en que me lee en Santiago, son posibles. Posibles, aunque quizás de probabilidad bajísima. Por ejemplo, decíamos más arriba que lo probable es encontrar al electrón de un átomo cerca del núcleo. Para ser preciso, la probabilidad de hallar al electrón del hidrógeno en esa esfera de radio un cienmillonésimo de centímetro que ocupa, es de un 76 por ciento. La de hallarlo fuera de una esfera de radio diez veces mayor es un cuarentavo de millonésimo de millonésimo, y a más allá de un centímetro de distancia del núcleo, es aún más pequeña. Casi cero. Pero sólo casi.

Sabemos entonces cómo armar un átomo: tomamos un núcleo y le ponemos cerca tantos electrones como protones tiene. El núcleo los atrae y atrapa para que formen una especie de algodón, o nube de carga eléctrica negativa, que rodea al núcleo. ¡Bien! O, mejor dicho, no tan bien, porque, según el electromagnetismo, el átomo, como una minúscula antena, debiera emitir ondas de luz. Recordemos que cuando un electrón va y viene por la antena de un teléfono portátil emite una señal, una onda electromagnética. En igual forma, el movimiento del electrón en el átomo debería producir señales de luz. Pero los átomos de este libro, por ejemplo, son tan aburridos, tan inertes, que si no fuera por la luz que ahora los ilumina, usted no podría leer, no vería absolutamente nada. No emiten; son tan oscuros como la boca de un lobo.

Supongamos, por otro lado, que los átomos emitieran luz continuamente. Que este libro tuviera luz propia, que usted llevara consigo un halo luminoso, que incluso el aire, formado principalmente de átomos de nitrógeno y oxígeno, fuera luminoso. Entonces, ese universo duraría una ínfima fracción de segundo, pues al emitir, los electrones perderían energía, cayendo fatalmente al núcleo y siendo absorbidos en él. La situación del electrón radiante en el átomo puede compararse a la de una manzana puesta en órbita terrestre dentro de la atmósfera. La manzana no emite radiación electromagnética porque es eléctricamente neutra, pero el roce con el aire la empieza a detener, le quita poco a poco su energía de movimiento, la va acercando a la Tierra hasta que finalmente choca y se deshace.

¿Cómo existimos entonces? ¿Qué hay de especial en el átomo que le da estabilidad? ¿Cuál es su ventaja comparativa, en este sentido, frente a la antena de mi teléfono? La diferencia está en el tamaño, en su pequeñez, en la vigencia irrestricta que en él tiene el principio de incertidumbre. Supongamos que en el hidrógeno el electrón comenzara a caer al núcleo. Mientras se acerca, el átomo se reduce, el electrón se mueve en un volumen menor y aumenta la incertidumbre en la velocidad del electrón. Cada vez sabemos entonces menos si va para allá o viene para acá, si orbita el núcleo o tiende a escapar. No podemos decir que está cayendo al núcleo, pues esa forma de moverse exige una velocidad definida y ésta en cambio se torna cada vez más imprecisa. En otras palabras, en el ámbito de cosas grandes como las naranjas o los planetas, es razonable hablar de cosas que caen y se acercan a otras. En el ámbito del átomo, el mismo lenguaje queda entrampado por la incertidumbre y no se puede usar coherentemente.

¿No podemos hablar entonces? ¿Hay que quedarse mudo y sólo contemplar místicamente esta esferita misteriosa? Es una opción, pero no la única. Hay que "buscarle por otro lado", salirse de la trampa de las trayectorias de electrones que caen o giran, que, como ya vimos, no debe usarse para lo más pequeño, para el átomo y lo aún menor. Conviene usar, más bien, el lenguaje de las ondas.

La flauta electromagnética

La teoría de cuerdas para las partículas elementales descrita en el Capítulo 2 se basa en las diversas formas en que vibra una cuerda tensa. Las partículas serían vibraciones particulares de ese objeto. Si vibra así, es un electrón; si vibra asá, es un muón, etc. La idea es extraña, pero no nueva. La usó Louis de Broglie para el átomo cuarenta años antes que Gabrielle Veneziano sugiriera "*supongamos que el electrón no es un punto sino una cuerda*".

En su tesis de doctorado, De Broglie propuso, en 1923, que el electrón se puede pensar como una onda de materia. Así como Einstein había reducido a partículas el campo electromagnético al proponer sus fotones, De Broglie "ondeó" al electrón al asociarle una onda similar a la del campo electromagnético. "*Luego de meditar y reflexionar largo tiempo en soledad, de repente tuve la idea, durante el año 1923, de que el descubrimiento hecho por Einstein en 1905 debería generalizarse y extenderse a todas las partículas materiales, especialmente a los electrones*", dice De Broglie en el prefacio de una edición de su tesis titulada *Investigaciones sobre la teoría de los cuanta*. Cuando Einstein leyó una copia preliminar de esta tesis, le escribió a Lorentz, *"Creo que es el primer rayito de luz en el más serio de nuestros enigmas..."*

Una cuerda de piano, violín o guitarra, o la membrana de un tambor, pueden vibrar de diferentes maneras. Tomemos el *la* central del piano, que habitualmente se afina para que vibre 440 veces por segundo (*la* fundamental, como se la llama en música a esta nota situada en el centro del piano). Afinada así, la cuerda no sólo puede vibrar a esta frecuencia sino también en sus armónicos, a 880, 1.320 o cualquier múltiplo entero de la fundamental. Algo semejante ocurre con la columna de aire en el interior de una flauta o de un tambor. Las vibraciones le dan a la cuerda el aspecto de tira de salchichas, con una (fundamental), dos (primer armónico) o más salchichas según el modo de vibración. Aunque no lo parece, uno puede formar estos lóbulos, sumando ondas viajeras, ondas de sonido que van y vienen por la cuerda o el aire. Desde el punto de vista matemático, se trata de soluciones a una "ecuación de onda" que contiene parámetros como la tensión de la cuerda o la densidad del aire, la longitud de la cuerda o columna y, desde luego, la forma como la vibración empieza, como se la excita inicialmente.

Lo notable de estas cosas, en apariencia tan distintas (¿en qué se parecen un piano, una flauta o un tambor?) es que las ecuaciones matemáticas que gobiernan su comportamiento son similares, como miembros de una sola familia: todos con la misma nariz y manera de andar. Más sorprendente aún, las ecuaciones de Maxwell para la luz también son miembros de la familia, y entre las ondas electromagnéticas que aceptan como soluciones hay las llamadas ondas estacionarias. Estas últimas ocurren si encerramos la luz en una caja de espejos, que favorezca el rebote y consecuente ir y venir de las ondas; forman entonces, como en la cuerda, diferentes modos de vibración, el fundamental y sus armónicos. El láser moderno aprovecha esta propiedad;

su rayo milagroso siempre emerge por un portillo desde una especie de flauta electromagnética. De Broglie no hizo más que sugerir que los electrones también podían ser miembros de la familia y por lo tanto constituir ondas viajeras y formar tiras de salchichas en el espacio...

El pájaro saltarín

Si los electrones son ondas, al encerrarlos en una caja deberían tener modos especiales de vibración, como cuerdas y tambores, algún modo fundamental y sus armónicos. Lo interesante es que hay frecuencias privilegiadas que ocurren, como en el piano, mientras el resto de las frecuencias queda proscrito. La vibración puede darse en alguno de esos modos, o en una mezcla de ellos, tal como en la cuerda vibrante; pero no puede darse en frecuencias intermedias. También, así como la cuerda afinada en el *la* central del piano no puede dar tonos de frecuencia menor que 440 vibraciones por segundo, el electrón no podría "vibrar" con frecuencias menores que una cierta fundamental característica de la caja en que se encuentra.

Necesitamos dos conceptos más y estamos listos. Primero, la "caja" en que se encuentra el electrón es la atracción misma del núcleo; no tiene paredes, pero sí es capaz de atrapar al electrón en un pequeño volumen, como una cajita esférica. Segundo, según De Broglie la energía de los electrones, al igual que los fotones de Einstein, es proporcional a la frecuencia de los modos de vibración: a doble de frecuencia, doble de energía.

Para ser estables, los electrones en el átomo sólo pueden tener entonces ciertas energías, que corresponden al modo fundamental y los armónicos de una onda atrapada por el núcleo. El modo fundamental es el de más baja energía; y a más alta frecuencia, mayor energía. El electrón no puede tener una energía por debajo de la del modo fundamental, así que una vez allí no puede perder más y precipitarse al núcleo. Si, estando en este estado, de pronto llega un fotón, el electrón puede absorberlo aumentando su energía y pasando a un estado excitado, como un pájaro que salta de una rama de un árbol a otra más alta.

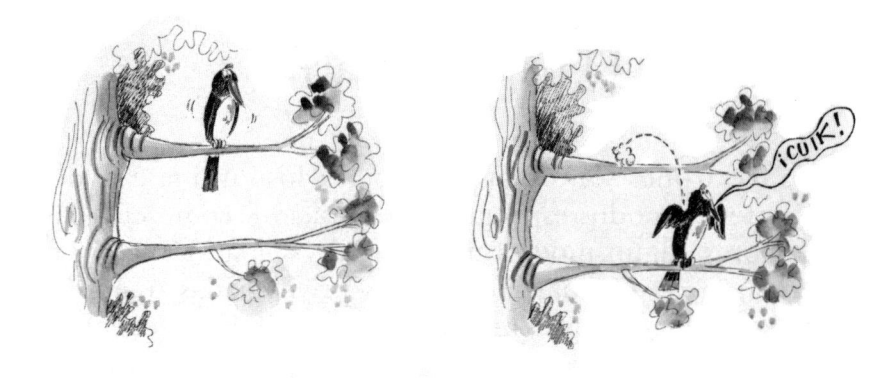

También como un pájaro baja saltando a una rama más baja, el electrón puede despedir un fotón y caer en un estado de menor energía. Estos brincos son siempre entre estados de energías fijas, y por tanto la luz emitida corresponde a frecuencias también bien definidas. Así, como átomos de distinta especie tienen diferente número de electrones, hay algunos que absorben o emiten luz roja y no azul, y hay otros que lo hacen con luz azul y son en cambio insensibles a la luz roja. Esta variedad es en último término la que da la gama de colores en todo lo que vemos.

Hemos esbozado la teoría del átomo con el ánimo de despertar curiosidad en el lector. Técnicamente, se la llama mecánica cuántica porque convierte en "cuantos" fijos las energías posibles del electrón en el átomo, así como otras magnitudes incluido el espín. Uno se pregunta de dónde sale esta teoría tan extraña. Fue elaborada fundamentalmente entre 1920 y 1930 por Bohr, De Broglie, Heisenberg, Pauli, Dirac y otros. ¿Elaborada? Quizás descubierta, más bien, pues cada problema que surgía y se resolvía en esos años le iba dando forma, como un escultor va extrayendo de la piedra el cuerpo de su modelo. Einstein queda fuera de la lista de sus creadores a pesar que su fotón jugó un papel conceptual esencial. La teoría que de allí salió no le gustó sin embargo, por su carácter irremediablemente probabilístico. El sentido común induce a esperar que a tal causa corresponda tal efecto, *precisamente* y no sólo *probablemente*. Einstein intuía que debía haber una forma de construir una teoría del átomo que fuese determinista. Esta razonable expectativa aún no se materializa. Pero así como Newton debió esperar cerca de doscientos años para que su corpúsculo de luz fuera reconocido, quizás Einstein deba todavía esperar todavía unas décadas para que su esperanza sea satisfecha...

CAPITULO 5
LO GRANDE

El microscopio óptico, inventado hace cuatrocientos años por Zacharias Janssen, permite distinguir objetos hasta de una diez milésima de milímetro de tamaño. Los glóbulos rojos de la sangre se ven con nitidez, mientras que las bacterias más pequeñas, como las pleuroneumoniformes (parece trabalenguas) apenas se distinguen. Llegar al nivel atómico tomó mucho más ingenio y sofisticada instrumentación que el mero uso de lentes de cristal. El microscopio de efecto túnel hoy lo logra con sorprendente nitidez.

Consiste en una aguja que se sitúa muy cerca de los átomos que conforman alguna superficie que se desea observar. Una diminuta corriente eléctrica pasa entonces de la punta de la aguja a los átomos mientras se la desliza lentamente sobre la muestra. El espacio entre ambos es el "túnel" que tienen que atravesar los electrones. Para mantener la corriente constante la aguja tiene que seguir el contorno de los átomos, y este subir y bajar se registra y luego convierte en una imagen de los minúsculos objetos. Esta reciente tecnología no ha hecho más que confirmar lo que nos ha dicho por décadas la teoría cuántica del átomo. Tenemos entonces plena confianza en su validez.

Pero entender los átomos no basta; ser capaces de describir su interior no nos dice mucho acerca del mundo sensible. No olvidemos que nuestras preguntas se originan a partir de lo grande, del oro y su brillo, del cristal y su transparencia, de la piedra magnetizada, de la ola que revienta en la playa. No podemos detenernos en el átomo y debemos seguir adelante, hasta llegar de vuelta al nivel de las cosas grandes, las que vemos y sentimos, aquellas de las cuales dependemos para vivir. El sendero no termina hasta no llegar a lo que nos rodea y, en última instancia, hasta no tocar la vida misma.

La goma atómica

Más allá de los átomos ¿qué hace posible la existencia de las moléculas y de los sistemas más complejos como los líquidos y los sólidos? Más precisamente ¿qué pega a los átomos para que se formen moléculas y otros compuestos? Como son eléctricamente neutros, uno pensaría que no sienten la presencia del otro, que no hay fuerzas entre ellos. Pero si los vemos unidos, ¡tendrá que haber alguna goma!

Y las hay de diversa especie. Por ejemplo, en el aire los átomos de hidrógeno se encuentran emparejados, como tomados de la mano, en forma de moléculas de hidrógeno. ¿Qué los une? A pesar de la neutralidad de cada uno, es la fuerza eléctrica. La fuerza gravitacional entre los átomos es muy débil (un milésimo de millonésimo de millonésimo de millonésimo de millonésimo de millonésimo de millonésimo de millonésimo de la fuerza que mi estimado lector hace sobre la silla en que se sienta), y las fuerzas nucleares (la débil y la fuerte) operan a distancias mucho menores que un diámetro atómico, de modo que son también insignificantes cuando se pretende unir dos átomos. Queda entonces sólo la fuerza eléctrica. Pero, ¿cómo puede actuar ésta entre objetos neutros?

Tomemos dos protones aislados. Ambos tienen carga de igual signo (positiva), se repelen y se van a alejar para siempre. Si además hay un electrón, sin embargo, los protones lo atraen a su vecindario. Esta partícula, más liviana e intrusa, se mueve entonces rápidamente alrededor de los protones, de un lado para otro, recorriendo todos los espacios y vericuetos en la cercanía. En particular, en su ir y venir del vecindario de un protón al del otro, pasa con mucha frecuencia entre ellos, y como tiene carga contraria (negativa) ¡los atrae!, como una goma. Lo hace de tal forma, de tan delicada y precisa manera, que se crea un trío estable, con dos protones algo apartados entre sí (a unos diezmillonésimos de milímetro uno de otro), y un electrón rodeándolos con su rápido ajetreo, pasando entre ellos unas mil millones de millones de veces cada segundo.

Lo que se formó tiene tres partículas: dos pesadas y positivas (los protones) y una liviana y negativa (el electrón). Esta última neutraliza una de las positivas. ¿Y la otra carga positiva, no se neutraliza? Bueno, en realidad se creó un objeto cargado, una molécula ionizada, con una carga positiva, que puede atraer otro electrón. Si lo atrapa, éste también dará vueltas y vueltas, recorriendo todos los espacios cercanos, tal como el primero. Queda así la molécula de hidrógeno neutra, como se la encuentra habitualmente en la atmósfera, una por cada dos millones de partículas en el aire que respiramos. La molécula de oxígeno, compuesta también por dos átomos iguales, la de agua, con sus dos hidrógenos y un oxígeno, así como muchas otras, se forman de manera similar.

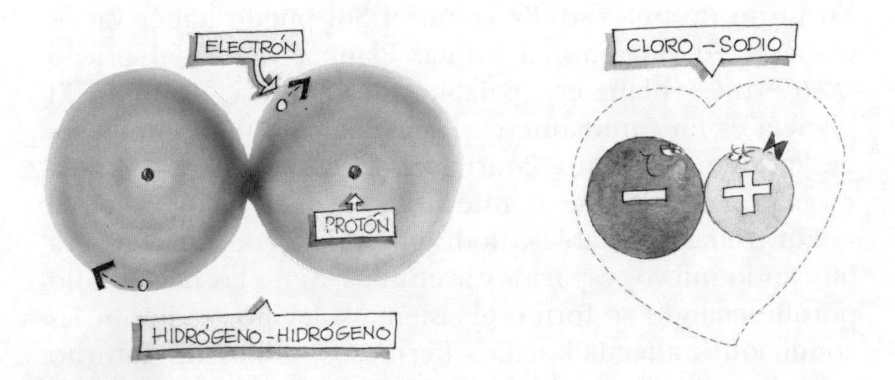

La molécula de cloruro de sodio, es en cambio diferente. Al sodio le gusta liberarse de un electrón y al cloro, atrapar uno. Por eso, cloro y sodio se "gustan", tienen afinidad el uno por el otro. Si intercambian un electrón, quedan ambos satisfechos, con sus cargas opuestas, y se atraen, formando una molécula de dos iones. El sodio queda positivo, y el cloro, negativo.

Hay algo curioso en la molécula de cloruro de sodio. Imaginemos que un átomo de cloro y uno de sodio se acercan tanto que un electrón salta del sodio al cloro. Debido a su carga opuesta ahora hay una atracción fuerte entre ambos que tenderá a que se aproximen más y más. Sin embargo el acercamiento mutuo se detiene en un punto, quedando ambos iones pegados como dos esferitas engomadas. ¿Qué impide que se sigan acercando? ¿Qué produce esa repulsión de contacto? Por un lado los núcleos siempre se repelen. Pero ésta no es toda la historia; hay también una repulsión de origen cuántico, basada en una propiedad importante que nos falta explicar.

El individualismo electrónico

En torno de una estrella como el Sol puede haber varios planetas en una misma órbita. Planeta viene del griego "πλανητης" (planetes), palabra que significa "errante". El planeta es un caminante de los cielos y no tiene limitaciones en su movimiento. Podría haber cuatro Tierras sobre la misma órbita sin que se interfirieran en su ciclo anual. Si fueran todas habitables, podríamos viajar de una en otra buscando nuevos espacios y aventuras. Si no las hay, es sólo porque cuando se formó el sistema solar no se dieron las condiciones adecuadas. Los hermosos anillos de Saturno nos muestran en cambio miles de cristales girando en torno a ese planeta, compartiendo órbitas sin dificultad.

En un átomo, en cambio, sólo dos electrones pueden compartir una misma órbita. En el ámbito de lo pequeño, las partículas ocupan "estados", órbitas, por ejemplo, que son como un dormitorio donde hay sólo dos camas de una plaza. ¿La razón? Misterio profundo. Para nosotros es un "principio" propuesto en 1925 por Wolfgang Pauli, en medio de la genial y fecunda década en que se hizo la teoría del átomo.

Según el principio de exclusión de Pauli, como se le llama hoy, dos electrones no pueden estar en el mismo estado. Si ya hay uno, el otro queda excluido. Pero cómo, ¿no quedamos que dos electrones pueden ocupar una misma órbita? Sí, pero siempre que tengan diferente espín. El concepto de "estado" incluye no sólo la órbita sino además, el espín. Dos electrones de igual espín no pueden ocupar la misma órbita. Si el espín es diferente, en cambio, sí pueden.

Pero, ¿por qué sólo dos entonces y no mil, todos con diferente espín? Porque también, ¡oh misterio!, el electrón puede tener sólo dos valores del espín. Si puede girar como un trompo (en sentido figurado) hacia la izquierda, entonces su única otra alternativa es girar igual, pero hacia la derecha. Es como ser diestro o zurdo; uno es lo uno o lo otro pero nada intermedio. O como si otra Tierra pudiese orbitar como la nuestra, siempre que, siguiendo la misma órbita, gire en dirección contraria en torno a su eje. Así, en la América de esa Tierra las estaciones coincidirían con las de nuestro planeta, pero el Sol saldría cada mañana desde el océano Pacífico y se pondría en el Atlántico, al revés que en nuestro querido globo.

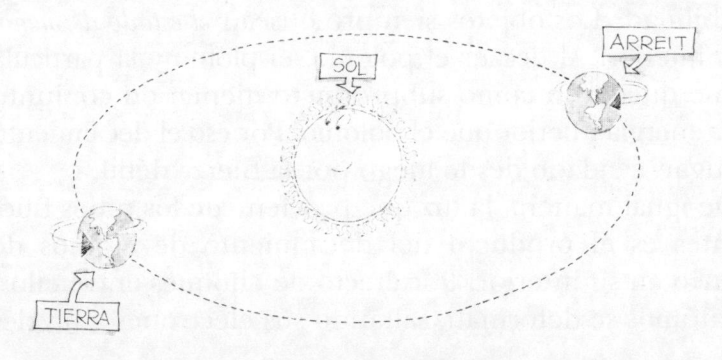

La imposibilidad de ocupar estados ya llenos actúa como una fuerza irresistible entre átomos que quieren compenetrarse. Por eso un átomo de sodio que se acerca a uno de cloro siente pronto una brutal repulsión. La misma fuerza da rigidez a objetos más grandes que la molécula, como un grano de sal, este libro, la silla que ocupa mi lectora, o el suelo donde está apoyada.

¡A leer!

Si tomamos 80 átomos diferentes podemos hacer 3.240 parejas diversas (moléculas diatómicas). Tríos podemos hacer muchísimos más. Las posibilidades aumentan y aumentan con el número de átomos que podamos incluir. Y a átomos diferentes en la combinación, comportamiento diferente del conjunto. Este es el origen de la inmensa diversidad que observamos en el mundo inanimado y el biológico.

Sin embargo, no todas las posibilidades tienen lugar, por la misma razón que no se pueden construir átomos *estables* más y más grandes. Como anotamos en el capítulo anterior, la cadena se interrumpe en el átomo de bismuto. Si, por ejemplo, producimos cien átomos de polonio radiactivo (Po^{210}, 84 protones y vida media de 138 días), el siguiente después del bismuto en número de protones en su núcleo, al cabo de tres años con toda probabilidad ya no queda ninguno, como es fácil de comprobar. ¿La razón de esta inestabilidad? Los objetos siempre buscan *el estado de menor energía* interior. Al decaer el polonio, el plomo y la partícula alfa que quedaron como subproducto, tienen en conjunto menor energía interior que el polonio. Por eso el decaimiento tuvo lugar, ayudado desde luego por la fuerza débil.

De igual manera, la luz que proviene de los tubos fluorescentes es el producto del decaimiento de átomos de mercurio en su interior. Por efecto de choques entre ellos, estos átomos se deforman, saltando sus electrones a niveles de energía superior. La energía interna ganada viene del encuentro, del choque. En un tiempo cortísimo, sin embargo, en cerca de un cienmillonésimo de segundo, el mercurio se libera de la energía adicional, emitiendo un fotón de luz ultravioleta. Este fotón es absorbido nuevamente por átomos de fósforo en la superficie del tubo fluorescente, los que a su vez sueltan la energía en forma de luz visible. El proceso completo es como si en un partido de baloncesto una pelota surge del choque de dos jugadores, la que es tomada por uno de ellos, y pasada a otro, quien finalmente la tira fuera de la cancha. Extraño partido ese en que se crean pelotas, y éstas cambian de forma cuando van de un jugador a otro.

Los materiales fosforescentes, aquellos que fascinan a los niños porque se ven en la oscuridad, contienen átomos que demoran más en soltar el fotón que tragaron cuando se les iluminó. Puede que lo retengan por algunas horas. Así, acercando el objeto a una lámpara se excitan absorbiendo cada uno un fotón, lo digieren con calma y lo sueltan, unos antes y otros después, siempre en tiempos relativamente largos.

El láser debe su nombre a un acrónimo del inglés (**l**ight **a**mplification by **s**timulated **e**mission of **r**adiation, o, en español, "a leer", de **a**mplificación de **l**uz por **e**misión **e**stimulada de **r**adiación). Cuando un átomo tiene mayor energía interna que el mínimo (es decir, cuando está excitado), la presencia de una onda electromagnética en el ambiente lo ayuda a decaer. La luz actúa como un purgante. Si ponemos muchos átomos en una caja y mediante choques con electrones, por ejemplo, los excitamos, algunos van a decaer entregando luz que forma un ambiente en la caja. La presencia de esta radiación estimula al conjunto a decaer emitiendo más luz, todos al unísono. Los átomos entonces emiten coordinadamente la energía que adquirieron en medio del desorden y el azar de los choques.

El fenómeno se parece a una muchedumbre en el interior de un teatro, entusiasmada por el discurso de un líder político. En momentos álgidos de gran excitación, basta con que dos o tres asistentes empiecen a gritar una consigna, para que todos manifiesten su entusiasmo sumándose al grito. Lo notable es que el sonido que emite la muchedumbre no se escucha como ruido informe sino como el grito fuertísimo de una consigna comprensible, por boca de un gigante. En el mismo sentido la radiación del conjunto de átomos es coherente e intensa como si fuera la de un único e inmenso átomo. La caja tiene un agujero que permite que algo de la luz escape, y esa fuga constituye lo que llamamos el rayo láser.

Pelé

Mezclando diversos átomos se pueden hacer combinaciones de gran complejidad, como ciertas moléculas biológicas cuyo funcionamiento es difícil de desentrañar. Sin embargo, inmensas agrupaciones de átomos iguales producen compuestos estables de extrema simplicidad. El diamante es un ejemplo. Se trata de una molécula tan grande que el famoso diamante "Orloff", obsequio del príncipe Orloff a Catalina la Grande, emperadora de Rusia, tiene dos cuatrillones de átomos (un dos seguido de 24 ceros), todos iguales y dispuestos en idéntica forma en su interior. El pegamento es similar al que mantiene unida la molécula de hidrógeno: la concentración de electrones en el espacio entre cada pareja de átomos vecinos. El enlace es tan fuerte que el diamante es uno de los materiales más duros que existe.

También hay diminutas versiones del diamante, como el carbono 60. Los sesenta carbonos que lo forman están dispuestos como los encuentros de las costuras de una pelota de fútbol, aparentando una pequeña esfera. Hay moléculas también esféricas y estables con más átomos, o en forma de cilindros, tan pequeños que por su interior apenas pasa un átomo.

Si bien no constituyen piedras preciosas para adornar anillos o coronas, estos microdiamantes son verdaderas joyas para quienes los estudian. El carbono 60 fue descubierto en 1985 cuando se buscaban compuestos de carbono para explicar una extraña pérdida en la luz que viene de las estrellas. Su hallazgo produjo furor al punto que en las conferencias de la especialidad se armaban sesiones multitudinarias especiales fuera de programa para escuchar lo último sobre el nuevo material. Pronto los laboratorios armaban cristales usando la molécula como si fuese un átomo, introducían en cada esferita o cilindro átomos de otra especie, medían su dureza, su capacidad para conducir la electricidad, etc. etc. etc. Por su forma geométrica se le llama buckminsterfullerene, largo nombre en honor del arquitecto Buckminster Fuller, quien diseñó estructuras similares. A algunos les hubiera gustado más el nombre "Pelé", quizás.

No sólo el carbono forma moléculas grandes perfectamente regulares sino también lo hacen el oro, la plata, el cobre, el estaño, el aluminio, el sodio, el silicio y muchas otras especies de átomos. Partiendo desde cubitos minúsculos de unos pocos átomos, o de esferitas, pueden formarse ejemplares verdaderamente grandes, visibles a simple vista y que se pueden tomar en la mano. Lo característico de estas moléculas gigantes, también llamadas monocristales, es la disposición de los átomos, los cuales se repiten regularmente como los nudos de una red, o las figuras de un embaldosado. Hay por supuesto también casos en los cuales los átomos quedan desordenados, sin esta regularidad, como en el vidrio común. Pero en el hielo, en los diamantes, en los alambres de cobre, los átomos forman una red usualmente perfecta. Puede faltar un átomo aquí o haber uno de otra especie allá, pero estas son sólo excepciones poco frecuentes si el monocristal es puro. El oro de las joyas o el cobre en los alambres suelen tener una multitud de monocristales orientados en forma diversa en su interior.

También puede haber monocristales que combinan dos o más átomos diferentes. Un ejemplo es la sal común, hecha de iones de sodio y de cloro. Como vimos más arriba, estos iones son átomos ordinarios que han perdido o ganado un electrón. En la sal ellos están dispuestos de forma que cada cual tiene seis vecinos de la otra especie: uno arriba, uno abajo, y cuatro alrededor, formando un cuadrado.

La abeja en el arbusto

El diamante y la sal son transparentes a la luz visible, mientras que el oro y el cobre no lo son. Estos últimos pertenecen a la familia de los metales, conducen bien la electricidad, mientras los primeros no lo hacen. ¿Dónde radican estas diferencias?

Para contestar la pregunta imaginemos un fotón de luz visible que atraviesa un grano de sal. ¿Cómo podría ser obstaculizado su pasar? Algo en el interior del material tiene que absorberlo llevándose la energía; sin embargo, esto no es posible porque las restricciones cuánticas imperantes se lo impiden. ¿Y saltar a un átomo vecino? Por ejemplo, el electrón extra en un cloro podría irse a neutralizar a un ión de sodio vecino. Pero esto también toma demasiada energía, que el fotón visible no alcanza a tener.

En definitiva no hay ningún mecanismo que impida pasar a este fotón.

Tampoco puede la carga eléctrica fluir por el cloruro de sodio. Los iones mismos casi no se pueden mover ya que los vecinos no les dejan suficiente espacio para pasar. A fin que los electrones por su parte se puedan mover se requeriría conectar entre los extremos de un centímetro del material una batería de cien millones de volts ¡algo grande! El resultado es que en la práctica la sal común es un *aislador* eléctrico, no conduce la electricidad. También lo son el diamante, el vidrio, el caucho, el azufre, y muchos otros materiales.

Ya que hablamos de metales, ¿qué los mantiene unidos? A diferencia de lo que ocurre en la sal, en un metal como el cobre los átomos no están ionizados: los electrones neutralizan plenamente a cada núcleo. Si son neutros, entonces, ¿qué los une? Es un mecanismo especial que pasaremos a describir.

Supongamos que, teniendo presente el principio de exclusión de Pauli, vamos colocando uno a uno los 29 electrones de un átomo de cobre. Tenemos que ubicar de a dos en cada órbita. Primero dos en la de más baja energía, uno con un espín y el otro con el espín opuesto, compensándolo. Luego dos en la de energía siguiente, y así hasta llegar al electrón número 29. Como este número es impar, hay lugar para un electrón adicional en la órbita que se quedó sin compensar. El último electrón de un átomo vecino puede venir entonces a compartir esa órbita sin mayor problema, yendo y viniendo mil millones de veces cada segundo.

Si extendemos la idea a muchos átomos y pensamos al metal como una molécula gigante, el último electrón en un átomo cualquiera puede incursionar en el casillero disponible en la última órbita de todos los demás átomos del cristal, como una abeja que se adentra en cada flor de un arbusto. Así es compartido por todos, haciendo de pegamento. Estos estados electrónicos extendidos fueron ideados por Félix Bloch, Premio Nobel 1952. Los electrones compartidos forman un verdadero fluido que, por su carga eléctrica, conduce corriente como un río transporta agua. Además, si llega un fotón de luz visible, los electrones de la superficie del objeto lo absorben sin dificultad y luego lo reemiten, creando el efecto "espejo", la reflexión característica de los metales.

Cada átomo aporta por lo general un electrón al gran abrazo metálico, y al fluido conductor de electricidad. Así, en el alambre de una lámpara hay típicamente unos diez mil trillones de electrones esperando que uno la encienda para empezar a actuar, a conducir la electricidad moviéndose como una muchedumbre que sale de un estadio repleto. Hay materiales en los cuales el número de electrones disponibles es muchísimo menor, y además, variable a voluntad. Son los famosos semiconductores, básicos en toda la electrónica moderna.

El milagro siliciano

El semiconductor es en realidad una forma especial de aislador. Los electrones disponibles para conducir son liberados de su prisión atómica de manera artificial. La forma de hacerlo varía. Puede que los haya emancipado el calor del material: estaban semiatrapados en los átomos y bastó esa vibración que llamamos calor para que los electrones se soltaran, como caen las ciruelas maduras de un árbol que se remece con vigor. Puede que provengan de átomos extraños puestos allí intencionalmente para donar electrones, "dopando el material con donores", como se suele decir. Lo cierto es que los semiconductores pueden conducir electricidad, aunque en pequeñas cantidades. El gran atractivo de estos materiales es su versatilidad, el hecho que sus propiedades cambian significativamente con pequeñas alteraciones de la temperatura o de voltajes que se aplican a sus extremos.

Tomemos el silicio, por ejemplo, uno de los elementos más abundantes en el planeta, base de la mayoría de los minúsculos elementos electrónicos que componen las calculadoras de bolsillo y computadores, los relojes digitales, los teléfonos celulares, y tantos y tantos aparatos que usamos a diario y que funcionan a base de electricidad. Sobre discos de silicio menores que una moneda se implantan circuitos completos, llamados circuitos integrados, que contienen centenares de miles de diminutas resistencias, condensadores y toda una extensa variedad de transistores que hacen posibles las verdaderas hazañas tecnológicas de que hoy somos testigos. Si el material necesario para estos objetos fuese el diamante o el oro o cualquier otro material menos abundante y versátil que el silicio, simplemente seguiríamos con la tecnología, el tamaño y los costos de hace cincuenta años. La revolución de las comunicaciones y de la informática no habría ocurrido.

En el interior de los semiconductores suelen ocurrir cosas extrañas. Imaginemos un cristal de silicio, con sus átomos dispuestos en una red, pegados por pequeñas concentraciones de electrones en el punto medio entre cada pareja, como en la molécula de hidrógeno. Supongamos que llega un fotón del espacio y se adentra en el material. Si tiene suficiente energía para llevar al electrón de uno de los átomos a un estado de mayor energía, lo dejará allí, excitado. En general, la órbita de mayor energía será de mayor diámetro también, pudiendo ser tan grande en el silicio, que abarque varios átomos vecinos. Entonces, el electrón al alejarse deja detrás un átomo ionizado, cargado positivamente, que lo atrae como si fuese un núcleo especial, debilitado en su acción eléctrica por tanta cosa que hay allí que lo oculta (*apantalla*, en lenguaje técnico). Se ha formado un "excitón". Es un electrón, ligado a su "agujero", el ión positivo al cual le falta el electrón que salió. Forma algo parecido a un átomo de hidrógeno: una carga positiva al centro y un electrón más liviano girando alrededor en una amplia órbita. La existencia de estos átomos inflados fue predicha por Gregory Wannier en 1937.

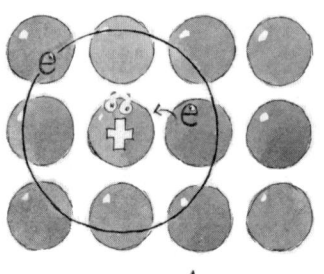

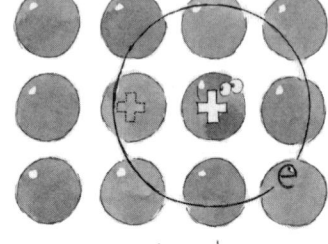

el EXCITÓN...   ...se movió un lugar...

Los excitones pueden moverse en el cristal cuando la presión en el interior de éste varía de un punto a otro. Esta variación hace saltar al electrón de un átomo vecino al ión neutralizándolo, moviendo así al agujero y su electrón orbitante, un lugar. El salto puede repetirse una y otra vez produciendo el desplazamiento del excitón. Si la luz que incide es intensa, los muchos fotones presentes producen muchos excitones, formando verdaderos gases en el interior del material, los cuales se condensan en gotas si el número de ellos es suficientemente elevado, tal como las gotitas en el vapor de agua que forman la lluvia. Se habla entonces de "materia excitónica", como si no existiera más que estos extraños átomos encerrados en una caja que es el cristal mismo de silicio. Trabajar con este nuevo estado de la materia no es fácil, sin embargo. En apenas un mil millonésimo de segundo el electrón excitado vuelve a su redil, regresa y neutraliza nuevamente al ión madre.

Al descubrir estas realidades uno se pregunta si quizás las partículas que hoy llamamos elementales y los átomos que construimos con ellos no serán más que entes simplificados por nosotros que existen en una realidad mucho más compleja que actúa como infraestructura, como telón de fondo a lo que percibimos. Son preguntas que uno se hace, hoy aventuradas y aparentemente fuera de lugar, mañana, quizás, parte de nuestra teoría del Universo.

¡Heike frío!

En general la conducción eléctrica produce calor. Los alambres se calientan, las lámparas eléctricas no se pueden tocar sin quemarse las manos cuando están encendidas, el calefactor de las estufas se pone incandescente. Este calor es fruto de los choques de los electrones en el material por donde circulan. Acelerados por efecto del campo eléctrico que produce la batería, la energía que absorben al aumentar su velocidad la van perdiendo en cada choque.

Pero, ¿contra qué chocan? Los choques entre ellos no influyen mayormente. Los que importan son los choques contra los átomos vibrando en torno al punto de la red de que forman parte, tiritando como si tuvieran frío.

¿Cómo podrían no vibrar siendo tan pequeños? Recordemos que según el principio de incertidumbre de Heisenberg si algo pequeño estuviera totalmente quieto, su velocidad podría ser cualquiera y ya no estaría quieto un instante después. Como los átomos interactúan, el tiritar es un movimiento colectivo, coordinado a veces (los llamados "fonones"), a veces descoordinado, desordenado. Contra estas vibraciones atómicas choca el electrón. A ellas les transfiere su energía, haciendo vibrar más ampliamente a los átomos. Son estas vibraciones las que calientan al alambre que conduce la electricidad y ponen incandescentes al calefactor de una estufa y al filamento de la lámpara encendida. La luz de ésta no es otra cosa que la reducción de estas vibraciones a través de una emisión de fotones.

Mientras Rutherford experimentaba en la Universidad de Manchester, Inglaterra, con los novedosos rayos alfa y beta, Heike Kamerlingh-Onnes hacía en Leiden, Holanda, las primeras mediciones a muy bajas temperaturas de la capacidad de los materiales para conducir la electricidad. En 1908 había logrado temperaturas de 270 grados Celsius bajo cero en el laboratorio, lo que daba a Kamerlingh-Onnes la oportunidad única de ser el primero en decir qué ocurre con esto o con aquello cuando se enfría a ese extremo. En particular parecía atractivo averiguar cómo se comporta la conducción eléctrica a muy bajas temperaturas.

Se sabía entonces que mientras menor es la temperatura, más conducen los metales. Como el calor hace vibrar con mayor violencia a los átomos de un cristal, al enfriar, la amplitud de estas vibraciones se reduce haciendo menos probables los choques de los electrones con los átomos. Aumenta así su facilidad para trasladarse de un extremo a otro por acción de la batería. ¿Qué pasaría a muy bajas temperaturas? ¿Tendería a anularse completamente la resistencia del material al paso de la corriente?

Kamerlingh-Onnes experimentó primero con platino. Pienso que en medio de su entusiasmo al tener temperaturas tan bajas debe haber enfriado cuanto existe para ver cómo se comportaba. Sin embargo, del primer material que sabemos en forma completa es del platino. Kamerlingh-Onnes halló que aún a las temperaturas más bajas había resistencia debida a las imperfecciones en el metal: átomos que faltan por aquí y por allá, átomos de otra especie que se introdujeron al fabricarlo, etc. Ellos perturban la marcha de los electrones y producen una resistencia propia, de origen diferente a las vibraciones atómicas. Entonces preparó una muestra de mercurio, material que se puede preparar en forma muy pura, más perfecta que el platino. La idea era disminuir la resistencia debida a las imperfecciones al mínimo posible.

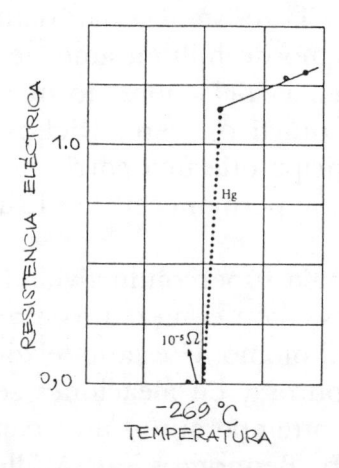

Cuál no sería su sorpresa al observar que cerca de 270 grados Celsius bajo cero la resistencia del mercurio se anulaba bruscamente, sin experimentar la transición gradual que el sentido común sugiere para una muestra muy pura. Era 1911, el mismo año en que Rutherford descubría el núcleo atómico. Son dos grandes hallazgos, el de Kamerlingh-Onnes enteramente fortuito y sorpresivo, el de Rutherford más gradual y buscado. Ambos asombrosos, sin embargo, verdaderos atentados intelectuales contra el sentido común de la época. Kamerlingh-Onnes lo llamó a su efecto "superconductividad" porque la carga fluye sin obstáculo por el material, sin experimentar roce alguno. Por su trabajo en bajas temperaturas Kamerlingh-Onnes recibió el Premio Nobel apenas dos años después, en 1913.

Kamerlingh-Onnes hizo ver en forma dramática la veracidad de su descubrimiento llevando entre Leiden y Cambridge en 1914, un anillo superconductor por el cual circulaba una corriente sin ayuda de batería alguna. Una vez iniciado el movimiento de las cargas, éste no se detiene más. En 1956, S. S. Collins mantuvo una corriente superconductora en un anillo durante dos años y medio; se interrumpió sólo debido a una huelga de camioneros que le impidió proveerse del refrigerante necesario (helio líquido) para mantener la temperatura del material suficientemente baja...

Mediciones de la resistencia han dado valores inferiores a un millonésimo de millonésimo de millonésimo del valor de la resistencia del cobre normal, lo que es para todos los efectos prácticos, cero. Dicho de otra manera, este resultado anticipa que una corriente en un anillo superconductor puede permanecer en él sin variar por cien mil años o más.

La historia de la superconductividad no termina con Kamerlingh-Onnes o con el mercurio. Pronto se descubrió que el aluminio, el plomo, el estaño, el zinc y una serie de otros materiales puros y en aleaciones se hacen también superconductores a temperaturas muy bajas. Recientemente, en 1986, Georg Bednorz y Karl Müller, ambos de un laboratorio industrial de Zürich (IBM), descubrieron que una aleación de bario, lantano y cobre es superconductora a temperaturas superiores a las que hasta entonces se consideraban posibles. El anuncio provocó una sesión especial en una reunión científica en Estados Unidos, que duró toda una noche, con 3.000 personas en la audiencia, y la mayoría de pie... Por su descubrimiento, Bednorz y Müller compartieron el Premio Nobel 1987, otorgado apenas un año después de su hallazgo.

El tremendo interés por la superconductividad se debe en gran parte a las importantes aplicaciones que tiene. Basta recordar que un alto porcentaje de la energía eléctrica se pierde por efecto de la resistencia eléctrica en alambres. La posibilidad de transportar energía sin pérdidas, de operar computadoras, potentes electroimanes y toda clase de aparatos eléctricos con alambres superconductores, provocaría una verdadera revolución tecnológica. Esta no se ha producido solamente por la dificultad y costo de bajar la temperatura de cada circuito o alambre a las temperaturas requeridas. Usando átomos de cuatro o más especies diferentes se ha logrado tener superconductores a la temperatura de unos 140 grados Celsius bajo cero, demasiado baja aun para pensar en un uso masivo de materiales con esta propiedad. Si algún día se encuentra una substancia que se mantiene superconductora a temperatura ambiente, ¡a comprar rápidamente acciones de la empresa que la descubra!

Palomas enamoradas

Hay quienes tienen un gran interés por la superconductividad pero por una razón muy diferente: es un fenómeno sorprendente, hermoso, que ha representado un desafío intelectual de magnitud comprenderlo. Explicar la superconductividad del mercurio tomó casi cincuenta años de esfuerzos por las mentes más lúcidas. La forma como la entendemos hoy día se basa en la formación de parejas de electrones. Si bien un electrón y un positrón pueden formar por un tiempo breve una pareja (el positronium), ¿cómo es posible esto entre dos electrones, que se repelen por tener la misma carga eléctrica?

Imaginemos un electrón pasando entre dos átomos de un metal. Gracias a su carga negativa deforma su entorno, atrayendo hacia sí los núcleos positivos de los átomos vecinos y repeliendo a los electrones negativos que hay en ellos. El resultado es que el electrón pasajero "se viste" de carga positiva ajena, quedando, ante los demás, con una leve carga local positiva; es entonces capaz de atraer a otro electrón cercano para formar entre los dos una pareja.

Esta sencilla explicación no convence tanto como la compleja y poderosa teoría que hay detrás, elaborada por John Bardeen, Leon Cooper y Robert Schrieffer, los cuales compartieron el Premio Nobel 1972 por su laboriosa obra. Nótese que Bardeen se repitió el premio, ya que tenía el Nobel 1956 por la invención del transistor. El inventor de las parejas es Cooper, por lo cual se las llama "pares de Cooper".

Según la teoría, en cada pareja los dos electrones tienen espín opuesto de modo que el espín total es cero. Uno se convence que esto último debe ser así si trata de responder la pregunta ¿en qué dirección gira *una pareja* de bailarines si la bailarina gira hacia la izquierda y el bailarín hacia la derecha? Contestar "hacia la derecha" es ser machista; contestar "hacia la izquierda" es ser feminista, de modo que, por no tomar partido sólo es aceptable decir, "para ningún lado; la pareja como tal, no gira"...

Lo interesante es que las partículas sin espín no están sujetas al principio de exclusión de Pauli. Pueden estar todas en la misma órbita o estado. Técnicamente se dice que "obedecen una estadística de Bose-Einstein". Por ello se les llama bosones, el mismo nombre que introdujimos en el Capítulo 2 al referirnos a las partículas mensajeras (bosones de gauge).

4 PARES de COOPER

3 PARES de COOPER

Los pares de Cooper pueden todos ocupar el mismo estado cuántico, así como una multitud de palomas puede pararse sobre un mismo alambre. Como la tendencia es siempre irse al estado de menor energía, allí se agolparán todos. Lo notable es que para sacarlos de allí, hay que primero romper un par de Cooper, lo que cuesta una cierta cantidad de energía, pequeña pero existente. Supongamos entonces que una de estas parejas viaja por el material y de pronto se encuentra con un átomo vibrando. ¿Lo chocará? Si la energía de la vibración es muy pequeña, insuficiente para romper el par de Cooper, simplemente no lo chocará, pasará de largo. Recordemos que se necesita esa energía al menos para sacar a la pareja de su estado primitivo. Si por otro lado la vibración es violenta, podrá romper al par y perturbar así su movimiento. Como la intensidad de la vibración se mide por la temperatura del cristal, la superconductividad opera en los estados más fríos y se destruye con el calor. También desaparece con el paso de corrientes muy grandes.

De gusano a mariposa

Supongamos que se calienta lentamente un superconductor hasta que se llega al umbral de rotura de las parejas de electrones. Primero se rompen algunos pares. Seguimos calentando y se siguen rompiendo pares. Toda la energía del calor se va en romper pares. La situación es similar al agua hirviendo en una cocina: *todo* el calor que se agrega se va en evaporar más y más agua, sin que suba la temperatura. Igual en el superconductor, el cual, manteniendo la temperatura fija, convierte todas sus parejas en electrones libres. Se produce lo que se llama una transición de fase, un cambio de estado del sistema, de superconductor a conductor, o de agua a vapor de agua.

Cambios de fase hay de la más variada especie en la naturaleza. A los nombrados se suman el cambio de hielo a agua, el de hierro magnético (imán) a hierro normal, el de vidrio a cristal, y muchos más. Aún se piensa que la fuerza eléctrica y la débil eran una sola hasta que un cambio de fase en el Universo las separó. En general se caracterizan por producir una metamorfosis brusca del objeto, cambiando sus propiedades significativamente, como un gusano de seda que se transforma en mariposa.

Tomemos el hielo por ejemplo. Se trata de un sólido formado por átomos de hidrógeno y oxígeno en proporción de dos a uno (dos hidrógenos por cada oxígeno). A temperaturas bajo cero grados Celsius los átomos vibran en torno a los puntos de una red imaginaria como atados a ellos por diminutos elásticos. Al calentarlo, los átomos vibran más y más violentamente hasta que se zafan de la prisión en que se encuentran. Primero se liberan unos pocos, después otros, y mientras más calor se agrega, más y más se desligan, sin que cambie la temperatura. Por fin quedan todos libres, moviéndose en desorden aunque sin separarse demasiado. Como les conviene energéticamente formar moléculas, eso sí, se liberan de a tríos, dos hidrógenos y un oxígeno en cada uno. Se tiene, entonces, agua líquida.

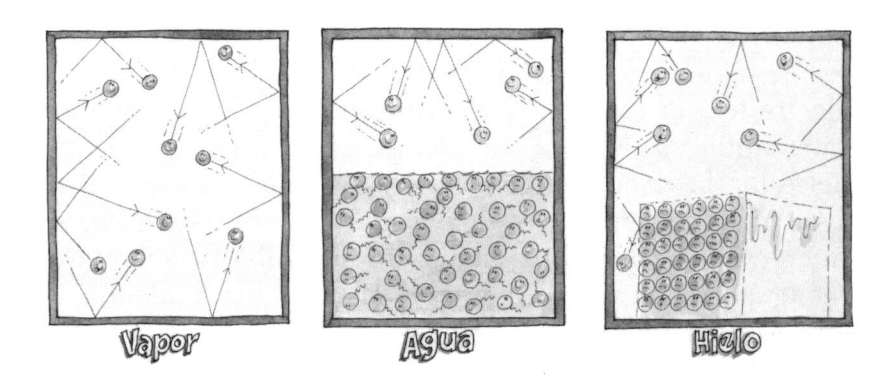

Seguimos calentando, y el ir y venir de las moléculas en el fluido se hace más y más rápido. La temperatura sube. Recordemos que ésta representa la agitación de las partículas en un material. Llega un punto en que es tan rápido el movimiento, que las moléculas empiezan a escapar de la superficie del líquido. Se forman además burbujas en el interior, en las cuales una cantidad de moléculas se libera en grupo, manteniendo a raya al agua circundante que las quiere someter y ahogar. Como la burbuja es más liviana que el agua, sube y se escapa por la superficie. La temperatura ya no aumenta, porque todo nuevo calor se emplea en formar burbujas y liberar moléculas por la superficie. En el proceso completo, el hielo original se evaporó, pasando por un estado intermedio que es el agua. Hubo dos cambios de fase: de hielo a agua, de agua a vapor.

Aunque el detalle de cada transformación sea diferente, en la amplia gama de cambios de fase que se conocen hay características comunes, o universales, como se las llama. En general éstas tienen que ver con la forma matemática como el sistema se aproxima a las condiciones propicias para el cambio. Puede ser en la manera de absorber energía al subir la temperatura, o la forma como el material responde a un cambio en el campo magnético.

En general los materiales duros (sólidos) se caracterizan por átomos que quedan prisioneros a los puntos de una red, mientras en los líquidos se pueden desplazar como si estuviesen unidos al resto por una débil goma. En los gases, en cambio, los átomos o moléculas están verdaderamente libres y pueden apartarse del resto; son tan veloces que la mayor parte del tiempo no perciben la existencia de otras partículas en el vecindario. El aroma de un perfume se escapa de la botella cuando la destapamos, mientras el líquido queda dentro.

Pero no siempre los gases están encerrados en un envase. La razón por la cual el aire terrestre no se escapa al espacio, por ejemplo, es la mera atracción gravitacional de la Tierra. Vimos en el Capítulo 3 que para que un objeto se aleje indefinidamente se requiere una velocidad de al menos 40.300 kilómetros por hora. Las moléculas del aire tienen típicamente un décimo de esta velocidad y no escapan al espacio sideral, salvo algunos ejemplares de la más liviana, la de hidrógeno.

Hay formas exóticas de materia. La llama del fuego es una de ellas. Nos sorprende por su color, su forma, su permanente movimiento, como si tuviera vida propia. La llama es un gas muy caliente: sus componentes se desplazan a grandes velocidades en su interior. En la llama hay muchos iones, átomos que han perdido electrones por los violentos choques que experimentan a esas temperaturas. Es en realidad un plasma, un gas cuyas partículas, iones y electrones, tienen carga eléctrica neta. El exterior del Sol es un plasma a unos 6.000 grados de temperatura, cuyas llamaradas suelen verse desde la Tierra, contorsionadas por los intensos campos magnéticos que su propio movimiento constante produce. El colorido de la llama en una vela es variado debido a su temperatura, mayor al centro que en los bordes. Más allá del borde el calor no es ya suficiente para mantener ionizados a los átomos, los iones recuperan sus electrones volviendo a la neutralidad, y al aire común que respiramos. Otras formas exóticas son los materiales maleables, como el chicle, la plasticina o la greda.

Ni macros- ni micros-; mesos- cópicos

De la totalidad de las publicaciones científicas recientes una cantidad apreciable trata de los llamados sistemas mesoscópicos. Estos son objetos que no se distinguen a simple vista, a pesar de ser bastante más grandes que los átomos. Pueden ser esferitas o pequeñas cajitas cilíndricas formadas por unas decenas o centenares de átomos, los llamados puntos cuánticos. Pueden ser alambres de unos pocos diámetros atómicos de espesor, o alambres cuánticos. O pueden ser delgadísimas láminas apresadas entre dos materiales, como el jamón entre dos panes, los llamados pozos cuánticos.

Aun cuando hay objetos mesoscópicos naturales, su auge se debe a técnicas que permiten fabricarlos en el laboratorio, generalmente adosados a una base grande, o insertos en ella. Mientras los átomos tienen una estructura que acepta poca variación, las dimensiones y características de los sistemas mesoscópicos pueden diseñarse a voluntad, lo que los hace sumamente versátiles. En general se les fabrica usando materiales semiconductores, lo que permite introducirles o eliminarles electrones a voluntad para la conducción eléctrica. La miniaturización de la electrónica ha sido posible gracias a estas técnicas. Baste con notar que en relojes de muñeca hoy se incorporan computadores tan poderosos como uno que hace cuarenta años ocupaba el volumen de una habitación.

Quizás el sistema más notable que se ha logrado con estas técnicas es el gas de electrones plano. Se obtiene en la zona entre un trozo de material aislador y uno semiconductor que se ha formado sobre el anterior. Si el semiconductor tiene electrones, mediante una batería externa éstos pueden ser empujados hacia la superficie que separa ambos materiales. Los electrones tratan de atravesar dicha superficie pero se encuentran con el aislador, que no pueden penetrar, quedando limitados a moverse sobre el plano que los atrapa. La situación es similar a la que nos ocurre a nosotros mismos en la Tierra. Aunque vivimos en un espacio de tres dimensiones (alto, ancho y largo), nos movemos sobre dos pues, aunque la fuerza de gravedad nos empuja hacia abajo, la dureza del suelo nos retiene. El número de electrones atrapados en la superficie depende del voltaje de la batería; normalmente se trabaja con unas decenas de miles de millones de electrones por centímetro cuadrado.

Hacia 1976 se habían detectado extrañas anomalías en el comportamiento de los electrones atrapados, cuando el sistema estaba entre los polos de un poderoso electroimán. A ciertos valores del campo magnético, unas veinte mil veces superiores al terrestre (valores rutinarios hoy gracias a los imanes superconductores), la corriente fluía libremente entre los extremos de una muestra conectada a una batería, sin estorbo alguno, como si se tratara de un superconductor plano. Estos resultados fueron interpretados correctamente recién cuatro años más tarde por Klaus von Klitzing, quien recibió el Premio Nobel por este trabajo en 1985. Si una corriente va hacia el Norte y hay un campo magnético vertical (hacia arriba), éste empuja a los electrones hacia el poniente. Los electrones tienden entonces a irse a una orilla del plano, generándose no sólo el usual flujo de cargas a lo largo de la muestra, sino también una corriente en la dirección transversal. Es la corriente de Hall, descubierta por Edwin Hall en 1879.

A esta corriente se asocia una resistencia propia, que generalmente depende del número de electrones presente y del campo magnético. De hecho se usa en otros contextos para conocer cuántos electrones quedaron en el objeto luego de agregar donadores o cambiar la temperatura de un semiconductor. Von Klitzing hizo ver que a campos muy altos los efectos cuánticos predominan en el comportamiento del gas de electrones plano. La resistencia de Hall cambia a saltos cuando el campo aumenta, como si estuviera cuantizada. Crece como aumenta de altura una escalera, primero constante luego saltando bruscamente; en seguida constante y dando un nuevo salto.

En el estado superconductor las parejas de Cooper no "ven" las imperfecciones del cristal y forman un todo único característico de la muestra completa. En el efecto Hall cuántico, como se llama el que comentamos, los electrones forman también un todo con ayuda del campo magnético, aunque de naturaleza enteramente diferente al conglomerado de parejas de Cooper del metal superconductor.

Nadie sabe, que yo sepa

¿Y la vida? Hasta ahora me he referido a átomos armando cosas grandes como un diamante, un trozo de silicio o un grano de sal. También he mencionado los líquidos como el agua, los gases, y algunos materiales sorprendentes como los semiconductores y los superconductores. Pero nada de esto vive. ¿De donde sale la vida?

No lo sé. Y pareciera que nadie lo sabe, al menos que yo sepa... Bajo qué principio se organizan los átomos para formar un virus, es un misterio. Cómo se gestó el virus que obliga a las bacterias del intestino a fabricar nuevos virus, no se sabe. Nótese que un solo virus que se introduce en una bacteria la obliga a producir trescientos nuevos virus en apenas veinte minutos, luego de lo cual la bacteria explota, expulsando su producción para infestar nuevas bacterias, y llegando así a producirse en un medio propicio treinta millones en una hora y cerca de mil billones en dos, ¡todo a partir de un solo intruso!

Ignorantes o no, lo cierto es que los virus, las bacterias, los insectos y los seres humanos existen, sustentados en los mismos átomos y leyes que forman la sal común, el aire o el agua. ¿Es posible que haya "leyes de la vida", adicionales a las de la materia inerte? Sí, es posible. Lo que no es posible es que esas leyes violen las que rigen a las cosas pequeñas como los electrones, o a las cosas muy grandes como las estrellas. Podemos especular que hay una especie de superestructura legislativa que opera a partir de la reglamentación que explica la superconductividad, por ejemplo. Sin embargo ella debe siempre respetar nuestras queridas leyes de conservación de la energía, de la carga, la incertidumbre cuántica, etc. Las partículas elementales de que estamos hechos, las fuerzas que las unen, el espacio que habitan, el tiempo que transcurre, todo esto es igual para moros y cristianos, para protones que decaen, para líquidos, gases y para mariposas.

¿Es que no sabemos nada, nada? Algo sabemos. Sabemos por ejemplo que la materia es capaz de formar objetos organizados espontáneamente, verdaderas estructuras, a partir de las cosas pequeñas. El perfume en una botella quizás no lo tenga. Pero el diamante, el humo de una chimenea o una nube en el cielo, sí. El gotear de una llave, las ondas de sonido en el aire, una ola en el mar, los huracanes en la atmósfera, el rayo láser, la corriente superconductora, el chimpancé, todos requieren de la organización de multitudes de átomos que en conjunto se las arreglan para producir fenómenos ordenados en otra escala de tamaño. Decimos "una ola" en circunstancias que en ella deben participar cuatrillones de moléculas de agua coordinadas para formar una sola forma.

Aun cuando no podemos precisar qué milagro inició la célula, esa confabulación impactante de átomos, origen de todos los organismos vivos, sí podemos estudiar aspectos que son comunes a la célula y a otros fenómenos naturales inanimados. Unos y otros son objetos complejos, producto de una organización susceptible de estudio utilizando los mismos métodos que nos han enseñado tanto acerca de la estructura del átomo y del Universo mismo.

Una característica importante es la estabilidad de los sistemas organizados. En presencia de adecuado alimento, por ejemplo, la célula como especie, puede perdurar miles de millones de años reproduciéndose una y otra vez. La superconductividad de un alambre no se destruye por imperfecciones en el material, por la vibración que produce el paso de un camión cerca de donde se encuentra el alambre, o por la luz que lo ilumina. La célula muere eso sí luego que un virus ha inyectado su ácido nucleico para convertirla en una máquina dedicada sólo a construir más virus. Igualmente, la corriente superconductora se termina si la temperatura sube demasiado. *La estabilidad es condicional.*

Imaginemos que le damos un impulso a una naranja en el interior de una bañera sin agua, de modo que va y viene, subiendo un poco a un costado, regresando al centro, luego subiendo un poco al otro costado. El movimiento se mantiene, al menos por un rato. Aunque entendemos que es la atracción de la Tierra la responsable de la oscilación, para un niño que no sabe mucho de estas cosas pensar que es el fondo de la bañera la que atrae a la naranja sería lo más natural. El fondo actúa como un "atractor".

Mientras la naranja se mueva sólo en el interior de la bañera, en la zona de atracción del fondo, mantendrá el movimiento hasta que se detenga por el roce. Si el impulso inicial es mayor, sin embargo, en su movimiento oscilatorio trepará un poco más alto por los costados. El impulso podrá ser suficiente para que la naranja trepe más allá del borde y se salga, cayendo a una región dominada por otro "atractor", el suelo del cuarto de baño. Si el suelo tiene un desagüe y la naranja se acerca mucho a él, su movimiento será dominado por un tercer atractor, el agujero allí, y caerá nuevamente. La estabilidad del movimiento en torno a cada atractor está condicionada a que la naranja no caiga en las fauces de otro atractor vecino.

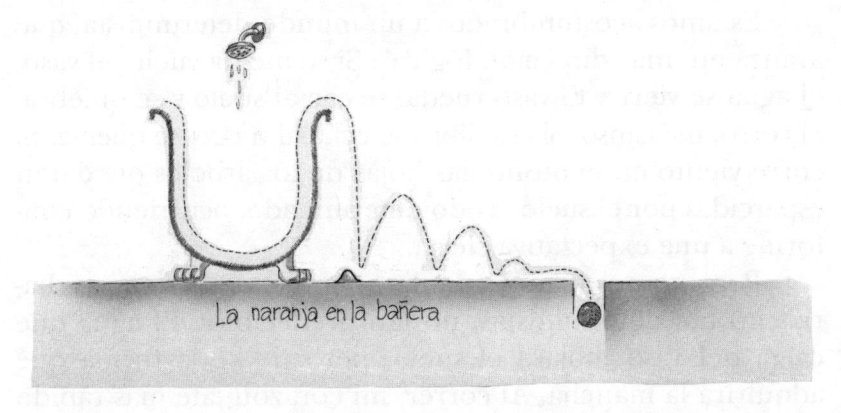

La naranja en la bañera

Hay atractores estables, metaestables, inestables. Con el estable ninguno otro compite; en nuestro ejemplo corresponde al punto más bajo que puede alcanzar la naranja en el desagüe. Los metaestables pueden dar estabilidad relativa, sólo mientras el movimiento no sea muy amplio. Es el caso de la bañera. Los inestables son más bien "repulsores", como lo sería el borde de la bañera si ponemos la naranja allí: cualquier movimiento, por pequeño que sea, alejará irremediablemente al objeto hacia algún atractor vecino, la bañera misma, o el piso del baño. Un caso ambiguo es la silla de montar: en la dirección del espinazo del caballo la naranja puede oscilar, mientras si se desvía hacia un costado caerá al suelo.

Atractores extraños

Existen también atractores "extraños". Atractores, pero de un tipo que no induce movimientos que se repiten sino aparentemente erráticos. Son como si la casa fuera sacudida por un terremoto, o si la bañera estuviera en un barco en medio de la tormenta. En vez de su pausado y regular ir y venir, la naranja se movería locamente, sin orden ni concierto.

Estamos acostumbrados a un mundo determinista, que avanza en una "dirección lógica". Si se me da vuelta el vaso, el agua se vierte. El vaso rueda, se cae al suelo y se quiebra. Si corro, me canso. Si este libro se echa al fuego, se quema. Si corre viento en el otoño, las hojas de los árboles quedarán esparcidas por el suelo. Todo determinado, ocurriendo conforme a una expectativa cierta.

Pero no nos fijamos que hay también experiencias diarias no tan deterministas, no tan predecibles. El agua que caiga del vaso mojará el suelo, pero no sé la forma que adquirirá la mancha. Al correr, mi corazón late más rápido pero no sabría contar su ritmo con precisión. El humo que se desprende de una chimenea sube en una columna y luego se desparrama por el aire en formas cambiantes cuyo detalle se me escapa. El gotear de una llave es predecible al punto que la obsesión que su ritmo provoca nos puede mantener despiertos en la noche; en cambio el chorro de la llave que corre es un borbotón de formas cambiantes y caprichosas. Si se anuncia lluvia para el domingo, la desafío el viernes y me voy a la playa "porque siempre se equivocan" o "porque si dicen lluvia, sale el sol"; en definitiva, la predicción del tiempo no me da confianza.

Tal como en los átomos y objetos más pequeños uno se debe contentar con conocer sólo la probabilidad de lo que va a pasar, en los sistemas mencionados el comportamiento a largo plazo es en la práctica impredecible. El leve oscilar de una mecedora se puede anticipar minuciosamente hasta que se detenga, y sin que importe cómo la suelto al principio. En cambio sólo es posible anticipar el clima con unos pocos días de antelación. Para mejorar la predicción habría que conocer en más detalle la situación actual. No bastaría con decir que aquí la temperatura del aire es de 18 grados Celsius y en el pueblo del lado es de 19 grados, sino que sería necesario agregar decimales y medir en puntos más cercanos la temperatura. Por ejemplo, decir que aquí es 18,27 grados Celsius, y en el jardín del lado, 18,14. Habría además que conocer en cada lugar muy precisamente la presión atmosférica, la velocidad del viento, etc.

Todo esto es posible en principio con instrumentos cada vez más finos (y un bolsillo cada vez más vacío); mientras con mayor precisión se conozca el presente, las predicciones del futuro serán más exitosas. El problema es que en presencia de un atractor caótico, grandes esfuerzos por mejorar esa precisión producen resultados pequeños. Por ejemplo, puede que agregar dos decimales a la temperatura apenas duplique el número de días con que el clima se puede anticipar en forma confiable; y agregar tres decimales más, con la inmensa dificultad técnica que ello significaría, quizás agregaría un día o dos. La imprecisión con que se conoce el presente se amplifica hacia el futuro en forma exponencial. Se trata de sistemas caóticos.

Por faltar una herradura...

La palabra caos tiene su origen en el vocablo griego "$\chi\alpha o\zeta$", cuyo significado original es el vacío primordial desde donde surgen la Tierra y todo lo creado. Para el poeta romano Publius Ovidius Naso es más bien la masa informe original donde todo es confusión y desorden, que el Creador organiza en el mundo armónico que conocemos. En su sentido ordinario moderno caos nos evoca desorden, desorganización. Hay caos en mis papeles, hay caos en algunas economías, etc.

En lenguaje técnico, el estado caótico es uno de *extrema* sensibilidad a cómo se inicia un proceso. ¿Cuán extrema? Veamos con un ejemplo. Supongamos que se suelta desde la cumbre del cerro Aconcagua en la Cordillera de los Andes una naranja. ¿Dónde va a terminar? Bueno, si hay mucha nieve, sólo unos metros más allá. Para que ruede lejos, supongamos que no hay nieve, y que el cerro es muy liso y cónico. Si soltamos la naranja en el vértice mismo del cono, no se moverá. Bastaría sin embargo una pequeña brisa hacia el poniente para que la naranja termine en Chile; o hacia el oriente, para que termine en Argentina. Son finales radicalmente diferentes (¡en sentido geográfico!) producidos por *pequeños* cambios en el origen del movimiento.

¿Pequeños? Alguien con razón podría objetarnos y decir, ¡un cambio en 180 grados no es pequeño! Si, en cambio, mientras una brisa es hacia el poniente y la otra levemente más hacia el Norte, un grado de diferencia, por ejemplo, entonces en un caso la caída al mar será un kilómetro más al Norte que en el otro. Una pequeña diferencia angular, apenas un trescientos sesentavo de círculo, lleva a la naranja a caer al mar por la playa, o por las rocas. Es sensibilidad a las condiciones iniciales, ¡aunque no extrema! El ejemplo no es uno de caos.

Que sea *extrema* la sensibilidad significa que las trayectorias se apartan *exponencialmente*, una forma sumamente rápida de crecer. Cada vez que se duplica el tiempo, se eleva al cuadrado la separación, siguiendo la secuencia: 2, 4, 16, 256, 65536, 4294967296, etc. En nuestro ejemplo en cambio, la secuencia es: 2, 8, 32, 128, 512, 2048, etc. Como se aprecia, un crecimiento mucho más modesto.

Una forma colorida de ejemplificar el estado caótico es el llamado "efecto mariposa": el aleteo de una mariposa en Río de Janeiro puede provocar un huracán en Florida. Una pequeña alteración del aire se propaga y amplifica hasta desembocar en un fenómeno descomunal. Otro pintoresco ejemplo es el antiguo poema,

"Por perder un clavo se perdió una herradura.
Por faltar una herradura se perdió un caballo.
Por faltar un caballo se perdió un mensajero.
Por faltar un mensajero se perdió una batalla.
Por perder una batalla se perdió un reino."

En ambos ejemplos las condiciones son propicias para que pequeñas circunstancias iniciales tengan un desenlace de grandes repercusiones. Es lo que caracteriza al estado caótico.

Así como existen elementos comunes a los cambios de fase, de hielo a agua, de conductor normal a superconductor, etc., hay también sorprendentes similaridades entre los diversos sistemas caóticos. Se piensa que el caos no se limita a la materia inanimada como el clima, sino también podría estar presente en sistemas más organizados como la vida y las organizaciones de seres vivos. Tomemos un caso corriente en ecología, la supervivencia de una especie, como la mosca de la fruta. Cuando madura la fruta proliferan abundantemente las moscas; sin embargo, si nacen demasiadas, la fruta no alcanzará para todas y morirán algunas. Puede que se logre un equilibrio en que el número de moscas corresponde bien a la cantidad de fruta madura disponible; pero también es posible que la fruta sea de tal especie que dicho equilibrio no se alcance.

Por ejemplo, la población puede empezar a oscilar entre dos estados con diferente cantidad de moscas. O puede que sean cuatro los estados entre los cuales oscila, u ocho, o más. O puede que ya no sea una oscilación ordenada entre varios estados, sino un ir y venir alocado entre siempre diferente número de ejemplares en la población. Un simple modelo matemático predice con hermosa claridad estas alternativas, las que se obtienen al variar sólo un parámetro que representa la forma como interactúa la población con su fuente de alimento: la voracidad de la especie, la cantidad de azúcar en la fruta, la facilidad para obtenerla, etc. Se trata del llamado "mapa logístico", que se puede trabajar en cualquier calculadora de bolsillo.

Otros sistemas que parecen exhibir estados caóticos son la economía de un país, el valor de las acciones de las empresas, el corazón de los animales. Son sistemas dispares y altamente complejos, difíciles de caracterizar mediante ecuaciones matemáticas. Sin embargo, muestran comportamientos similares al de la ecuación logística, lo que sugiere que quizás cuando se conozcan mejor se podrá establecer una vinculación entre su funcionalidad y el caos.

CAPITULO 6
LO MAS GRANDE

Por milenios la observación del cielo fue a simple vista. De este modo se ven con cierto detalle el Sol y la Luna, se percibe su redondez y algunos tonos de color, pero los demás planetas y estrellas aparecen como meros puntos luminosos sin forma ni color definido. Las lunas de Júpiter, las fases de Venus, los anillos de Saturno, la figura de las galaxias, son detalles que no se aprecian a simple vista y fueron desconocidos por largos milenios en la historia.

Fue recién Galileo Galilei quien, en sus palabras, "*El 7 de enero de este año 1610, en la primera hora de la noche, mientras miraba los astros con el anteojo, se me apareció Júpiter, y como disponía de un aparato realmente excelente, vi cerca del planeta tres astros, muy pequeños ciertamente, pero muy brillantes (...). El 8 de enero volví a hacer la misma observación, no sé qué razones me movieron a ello, y los encontré en una disposición diferente*". Había descubierto que Júpiter tiene lunas que giran a su alrededor como lo hace la nuestra en torno a la Tierra. Lo logró gracias a "el anteojo", que hoy llamamos telescopio, ese instrumento maravilloso inventado en 1608 por los holandeses y perfeccionado por Galileo, que permite ver los objetos celestes como si estuviesen más cerca y fuesen más luminosos.

Los telescopios más poderosos hoy permiten detectar objetos en el cielo cuya intensidad luminosa es sobre doscientos millones de veces más débil que aquellos que observamos a simple vista. La llamada generación de cuatro metros (con sus alrededor de cuatro metros de diámetro) interceptan varios millones de veces más fotones que el ojo desnudo.

Por su alto costo de fabricación y mantención, telescopios como éstos se encuentran en pocos lugares del mundo, escogidos por sus condiciones privilegiadas para observar. Los hay en los Estados Unidos (Hawai, Kit Peak, Monte Palomar), en Chile (Cerro Tololo y La Silla), en el Cáucaso (Monte Pastuknov), en las Islas Canarias, en Australia. Con su ayuda las estrellas ya no nos parecen todas iguales, sino que reconocemos que las hay de diversas edades, tamaños, distancias a la Tierra, composición, etc.

Sin embargo, la observación terrestre tiene limitaciones. La luz que viene del cielo choca en la atmósfera con las moléculas del aire y es absorbida o desviada en su trayectoria. Más aún, la imagen de las estrellas suele estar afectada de un ligero temblor (titilan, o tiritan, como dice el poeta) debido a la misma agitación del aire. Estos problemas se han corregido poniendo telescopios en órbita alrededor de la Tierra, más allá de la perturbadora atmósfera.

El telescopio Hubble, cuyo diseño, construcción y puesta en marcha tuvo un costo superior a los tres mil millones de dólares, es uno de ellos. Nombrado en honor del famoso astrónomo Edwin Hubble, cuenta entre sus misiones observar objetos en el borde mismo del Universo visible, ubicados a unos ciento cincuenta mil trillones de kilómetros de distancia de nosotros. Recién lanzado en junio de 1990, las primeras mediciones con este telescopio mostraron aberraciones ópticas importantes, producidas por defectos en la construcción de su espejo principal. Repararlo fue una odisea espacial sin parangón, que concluyó con éxito dos años y medio después.

Gracias a siglos de paciente observación y reflexión, y a la invención y perfeccionamiento reciente del telescopio, sabemos hoy que en el cielo ocurre de todo. No sólo la diversidad que nos acompaña en la vida diaria, sino también una vastísima gama de fenómenos que requieren de condiciones excepcionales que aquí no se dan: altísimas temperaturas, presiones, densidades, o gigantes concentraciones de materia.

Además del telescopio, el uso de computadores ha beneficiado enormemente a la astronomía moderna. Escribe Galileo, *"Tenía la intención de catalogar toda la constelación de Orión, pero he abandonado el proyecto por la cantidad de estrellas que contiene –más de quinientas– y por falta de tiempo"*. ¡Quinientas eran demasiadas! En nuestros días en cambio el uso del computador en el registro y procesamiento de datos ha permitido catalogar sobre quince millones de estrellas. Un grupo de astrónomos se encuentra hoy afanado en la confección de un plano del cielo que incluye nada menos que cincuenta millones de galaxias y setenta millones de estrellas, cien mil veces más numerosas que las agrupaciones que Galileo no tuvo fuerzas para clasificar. El proyecto busca conocer no sólo su posición sino además la velocidad de desplazamiento por el cielo de estos objetos. Los datos obtenidos ayudarán a conocer mejor el Universo que habitamos, su origen y su evolución.

Lo siento: sin cuenta

Empezando por lo más inmediato uno se puede preguntar, ¿cuántas estrellas hay en el cielo? Cuando era pequeño, la pregunta se hacía como una broma que se debía contestar "*sin cuenta*", que se escucha también como "cincuenta" (el número 50). Con esto se quería decir entonces que eran tantas que no se podían contar.

¿Se pueden contar? Veamos. Si dividimos nuestro cielo en mil pedacitos iguales quizás podríamos contar los puntos luminosos que se ven en uno de ellos y luego multiplicar por dos mil (hay dos hemisferios). El error sería enorme, sin embargo, en parte porque en diferentes rincones del cielo hay diferente número de estrellas: su distribución no es uniforme. Pero más gravemente porque entre los puntos que parecen estrellas en el cielo, hay algunos que en realidad son inmensas agrupaciones de estrellas muy distantes, las llamadas galaxias. Descubierta su naturaleza recién en 1924 por Edwin Hubble, están tan lejos que, aunque algunas se ven como nubes de estrellas, en la gran mayoría no distinguimos su estructura y nos parecen como si fueran una estrella más. Por cada una de éstas que contáramos como una simple estrella, nos equivocaríamos en cien mil millones (número aproximado de estrellas que hay en una galaxia). ¡Imagínese el errorcito! Es entonces necesario usar métodos más refinados.

Estudiando la luz que viene de cada objeto luminoso del cielo los astrónomos pueden distinguir galaxias de estrellas, y contar unas y otras separadamente. Considerando que su distribución no es uniforme en el cielo, han llegado a estimar que existen algunos millones de millones de galaxias. Como cada una está formada a su vez por alrededor de cien mil millones de estrellas, en el Universo hay unos cien mil trillones de estrellas (un uno seguido de veintidós ceros). Bueno, sabemos entonces el número aproximado y mi respuesta ignorante de niño parece haber quedado obsoleta.

Pero, ¿son verdaderamente contables las estrellas, una a una? Un simple cálculo muestra que contar un número así de grande, a razón de una estrella por segundo, tomaría trescientos millones de millones de años, o sea, ¡unas veinte mil veces la edad del Universo! ¿Quién estaría dispuesto a iniciar ese trabajo? En *El Principito*, de Antoine Marie Roger de Saint-Exupéry, aparece un empresario que se ha pasado la vida contando estrellas con la ilusión de poseerlas y administrarlas. Ya lleva quinientos un millones seiscientas veintidós mil setecientas treinta y dos. El Principito le pregunta una y otra vez para qué hace eso y como no obtiene una respuesta satisfactoria, se aleja diciéndose, "*los adultos son realmente extraordinarios...*"

Nuestro Sol está en una galaxia que en la antigua Mesopotamia se llamó "río celestial" y hoy denominamos Vía Láctea por su apariencia lechosa (la palabra griega "γαλαξίας", galaxias, significa también leche). Mirando el cielo en una noche clara podemos constatar que, si bien hay estrellas por todos lados, lo cruza una faja luminosa donde se concentra la mayoría, dando la apariencia de una nube, o como lo veían los antiguos con su imaginación mitológica, una mancha de leche. Su forma es la de un delgado disco con una protuberancia al centro. El Sol se mueve arrastrando su séquito de planetas, dando una vuelta en torno a ese centro cada doscientos millones de años.

La Vía Láctea

Apenas un gugol...

Cerca de la Vía Láctea se encuentran otras dos galaxias, las llamadas Nubes de Magallanes, la grande y la pequeña, visibles a simple vista en el hemisferio sur, y a sólo uno y medio millones de millones de millones de kilómetros.

¿Cerca? ¿Sólo uno y medio millones de millones de millones de kilómetros? ¿Qué significa esta distancia? ¿Es cerca o lejos? Honradamente, es difícil de imaginar. El número 1.500.000.000.000.000.000 es demasiado grande, como otros que ya hemos citado, y que, aunque parecen enormes, no nos damos cuenta cuán grandes son en realidad. O como el "gugol", nombre que el sobrino de nueve años del matemático Edward Kasner dio al número

10.000.000.000.000.000.000.000.000.000.000.000.000.000.
000.000.000.000.000.000.000.000.000.000.000.000.000.000.

Este número gigante corresponde al volumen, en metros cúbicos, del elipsoide centrado en el Sol sobre el cual se mueve su satélite más cercano, el planeta Mercurio.

¿Tiene sentido un número tan grande? Claro que lo tiene. Si en vez del metro cúbico usamos como unidad de volumen el espacio que ocupa el elipsoide mercuriano entonces en las nuevas unidades ese número se convierte en un simple uno.

El problema con los números grandes es que no los usamos corrientemente. Tenemos familiaridad con los miles y hasta los millones, pero no mucho más allá. Si uno sigue las economías de los países se acostumbra también a los miles de millones, y quizás hasta el millón de millones (no porque uno los tenga, desde luego). Pero el millón de millón de millones ya no tiene significado alguno para la mayoría de los mortales. Por ejemplo, ¿se habría notado la diferencia si hubiese dicho más arriba que el número de estrellas del Universo es diez mil millones de millones en vez de diez mil millones de millones de millones? Son números "astronómicos", o "siderales", como solemos decir cuando son tan grandes que escapan a la imaginación.

Los astrónomos, comprensivos con las limitaciones cuantitativas de nuestra imaginación, inventaron una unidad especial para distancias astronómicas. Es el año-luz, que equivale a casi diez (9,461) billones de kilómetros. El año-luz es simplemente la distancia que recorre la luz en un año. Como la luz es muy veloz, la distancia es muy grande. Equivale aproximadamente a sesenta y tres mil veces el trecho que hay entre la Tierra al Sol, distancia esta última que la luz recorre en algo más de ocho minutos.

En esta unidad la estrella más cercana, Alfa Centauro, está a 4,3 años-luz, un número pequeño aunque una distancia bien grande. Tan grande, que viajando a la velocidad a que suelen moverse las actuales naves espaciales, ¡tomaría unos ciento sesenta mil años llegar a ella! En las mismas unidades la Nube Grande de Magallanes se encuentra a ciento setenta mil años-luz de distancia y el diámetro de la Vía Láctea es de unos noventa mil años-luz, ambas razonables, al menos como números. Las estrellas más lejanas que pueden verse con los telescopios terrestres actuales están a unos treinta millones de años-luz. Para este tipo de distancias podría también usarse una unidad redonda en términos de kilómetros, como el terakilómetro, por ejemplo, que equivale a un millón de millones de kilómetros. Pero suena más a una extraña abreviación de un tamaño inimaginable, ahorra sólo palabras sin mejorar el significado, y ¡nadie negará que es más bonito e intuitivo el *año-luz*!

Arqueología cósmica

Nuestros antepasados creían que si uno saca del cielo los planetas, esos cuerpos que se mueven respecto del fondo de las estrellas supuestamente fijas, los demás puntos luminosos que vemos en la noche no se diferencian entre sí. Hoy sabemos que esto no es verídico. Que, como ya mencionamos, hay estrellas y galaxias enteras entre ellos, estas últimas de distintas formas: tortillas, nubes, espirales. Entre las estrellas hay algunas grandes y otras chicas, hay jóvenes y viejas, lejanas y cercanas. También, las hay de diversos colores. El Sol es amarillo-blanco, pero hay estrellas cuya luz es predominantemente azul, roja, violeta. Las estrellas que vemos nacen, evolucionan y mueren, pasando por diversas etapas que les dan apariencias características y contribuyen a la diversidad de que hablamos.

Pero esto no es todo. Hay también en el cielo muchos objetos extraordinarios, como los cuásares, por ejemplo. Su nombre deriva del inglés (**QUA**si **S**tell**A**r **R**adio **S**ources, de traducción **F**uentes de **O**nda de **R**adio **C**uasi **E**stelares, cuyo acrónimo "FORCE" resulta más inglés aún que "cuásares"). Aunque sus imágenes en el telescopio parecen las de simples estrellas de la galaxia, están a enormes distancias de nosotros, y son fuentes descomunales de luz, las más poderosas del Universo. Su tamaño es pequeño comparable al del sistema solar, a pesar de lo cual la energía que emiten es equivalente a la de galaxias enteras, como el fenomenal 3C 273, que emite tanto como mil galaxias juntas. En relación a la de una estrella, es como si la lámpara de mi velador entregara tanta luz una noche como todas las lámparas de la Tierra juntas, prendidas durante mil años.

¿Serán los cuásares quizás una densa acumulación de estrellas? Si así fuese, como el tamaño es relativamente pequeño, la densidad de materia sería tan grande que las estrellas ya no serían estrellas, y volvemos a la pregunta inicial, ¿de qué se trata?

Lo más probable es que cada uno de estos monstruos sea un agujero negro, otro fascinante habitante del cosmos. Originalmente acuñado en 1783 por el inglés John Mitchell, el concepto fue redescubierto por Laplace en 1796 y sus cálculos fueron más tarde rehechos en 1916 usando la nueva teoría de la relatividad de Einstein por Karl Schwarzschild. Lo llamamos negro porque la luz no escapa a su atracción gravitacional.

Como vimos en el Capítulo 3, la trayectoria de la luz se curva en presencia de un objeto masivo, como lo hace la de una piedra. Sin embargo la luz es tan veloz, que las condiciones para que suba y baje por acción de la gravedad son extremadamente exigentes. Por ejemplo, sería posible para una masa como la de la Tierra ¡siempre que estuviese toda concentrada en el volumen de una lenteja! Sólo entonces la luz es frenada y se devuelve. La densidad requerida es tan fantástica y la acción gravitacional tan feroz, que un tal objeto puede engullir estrellas completas. Justamente por eso podemos ubicarlos en el cielo. Según algunos expertos, la poderosa luz del cuásar sería el alarido de muerte de estrellas devoradas por un agujero negro.

Tan pequeños y lejanos son los cuásares que ni los mejores telescopios son capaces de enfocar sus detalles. Los astrónomos aún discuten qué son precisamente. A pesar de las numerosas investigaciones realizadas y las miles de páginas escritas sobre estos objetos, poco se sabe aún acerca de su naturaleza. El problema es importante porque estando tan lejos, quizás miles de millones de años-luz de distancia, ellos son como fósiles de las etapas tempranas del Universo.

Para entender esta analogía arqueológica hay que tener presente que la luz que viene de objetos muy distantes fue emitida mucho tiempo atrás. Cuando decimos que el Sol está a algo más de ocho minutos-luz de distancia de la Tierra, eso significa que si una tarde vi ponerse el Sol a las seis, ocho minutos y veinte segundos, ¡en realidad la luz fue emitida exactamente a las seis! Sólo que el espectáculo se produjo retrasado en poco más de ocho minutos, por lo que se demoró el mensaje en llegar. Uno piensa que lo que ve es simultáneo con lo que ocurre. Pero no es estrictamente así nunca, porque la luz demora en recorrer cualquier distancia, en concreto un poco más de un segundo en atravesar trescientos mil kilómetros.

Algo similar ocurre con el sonido, como se aprecia cuando escuchamos una orquesta distante, cuyo director vemos bajar los brazos un instante antes que nos llegue la nota falsa del trombón. O en el eco y el trueno. Todos hemos sido testigos alguna vez de que primero se ve el rayo y luego se siente el trueno, en ocasiones varios segundos después. Esta demora, fácilmente perceptible en el caso del sonido en el aire, también ocurre con la luz, sólo que ésta se mueve casi trescientos millones de veces más rápidamente que aquél. Mientras el rayo parece instantáneo y fugaz, el trueno dura largo rato porque viene acompañado de sus ecos y consecuentes retrasos.

Cuando la señal recorre distancias más grandes, la demora que experimenta la luz se empieza a notar. Por ejemplo, en las comunicaciones telefónicas intercontinentales (la señal telefónica se propaga como la luz), lo que decimos llega cerca de un décimo de segundo después al otro lado del planeta, un retraso apenas perceptible para los que conversan. Los astronautas que pisaron la Luna por primera vez en el 16 de julio de 1969 tenían en cambio que esperar uno y medio segundos para escuchar la voz de sus compañeros en la Tierra y su conversación parecía un poco entrecortada.

En el cosmos se dan todas las distancias imaginables, y las inimaginables también. Mientras más distante es el objeto que miramos, más ha demorado la luz en llegarnos. Así, si miramos un cuásar a unos quince mil millones de años-luz de distancia estamos mirando edades muy tempranas en el Universo.

En eso radica la importancia que le asignamos al estudio de los misteriosos cuásares. Es fascinante tener acceso vívido al origen de todo lo que vemos hoy, a esos fenomenales eventos que ocurrieron al principio, tan importantes para entender el Universo como es ahora. En el cosmos no se pueden hacer experimentos. Debemos contentarnos con los que se hacen naturalmente cada momento, como la explosión de una supernova, la visita de un cometa, su choque contra algún planeta, o los eclipses de Sol. Es una suerte especial entonces que de los acontecimientos que sucedieron a ese experimento primordial tan único y antiguo como fue el inicio de nuestro Universo aún nos lleguen señales por torrentes, listas para ser captadas por nuestros telescopios.

Zuap...zuap...zuap...

Pero con los luminosos cuásares no se acaba tampoco la lista. Hay en el cielo objetos que no podemos ver con nuestros ojos, que sólo se observan con la ayuda de instrumentos especiales. No es que estén muy distantes necesariamente, o que la luz que irradian sea poco intensa. La explicación reside más bien en la naturaleza de la señal que emiten, a la cual nuestras retinas son insensibles.

Como la vida sobre el planeta es tan dependiente del Sol, nuestros ojos nos permiten ver en forma óptima precisamente el tipo especial de luz que viene de ese astro. Pero esta "luz visible" que somos capaces de percibir representa una ínfima porción de todas las luces posibles. Es como una ventanita que abre apenas una rendija sobre la larguísima pantalla de oscuridad, infinita de hecho, que cubre a nuestros ojos aquello que llamamos el espectro de radiación electromagnética.

Todo lo que nos rodea emite algún tipo de luz: las plantas, las piedras, las moscas, y hasta nosotros mismos, cada cosa según su temperatura. El ojo no percibe estas radiaciones porque sólo cuerpos muy calientes irradian con suficiente intensidad; además, con la temperatura varía el tipo de luz emitida.

Por ejemplo, el Sol emite radiación electromagnética con una potencia equivalente a más de 10 cuatrillones (un uno seguido de 25 ceros) de lámparas de velador. De ésta, nuestro planeta intercepta un medio mil millonésimo, lo que se reduce, en cada metro cuadrado, a la luz equivalente a casi 14 lámparas de 100 watt. Esta luz, sin embargo, se reparte en el espectro electromagnético y no es toda visible. Es particularmente intensa en la región donde nuestro ojo es más sensible, entre el infrarrojo y el ultravioleta. Corresponde a la emisión natural de un objeto a 6.000 grados de temperatura. Este libro, en cambio, emite con máxima intensidad a una frecuencia varios miles de veces menor, en el lejano infrarrojo, y su radiación es muchísimo más débil que la del Sol, no alcanzando a excitar los terminales nerviosos de la retina. No vemos tampoco la luz infrarroja que emana de nuestro cuerpo, las ondas de radio que llevan la señal de televisión, las microondas que calientan la comida, ni tampoco los rayos X con que los dentistas hacen imágenes de nuestros dientes. Todas estas son ondas de luz (ondas electromagnéticas), tan luz unas como otras, sólo que nuestros ojos ven apenas la "luz visible", la que emite el Sol mayoritariamente.

Encabezando la lista de objetos que no se ven a simple vista están los púlsares, verdaderos faros en el firmamento. Se llaman así porque son objetos cuya radiación recibimos en forma pulsante, como el latido de un corazón o el tic-tac de un reloj. Su existencia fue predicha por el suizo Fritz Zwicky y el alemán Walter Baade en 1934, aunque vistos por primera vez recién en 1967 por Jocelyn Bell y Anthony Hewish de la Universidad de Cambridge. Estos últimos recibieron el Premio Nobel de Física en 1974 por su descubrimiento.

Los púlsares emiten ondas de radio, del tipo que se usa para las transmisiones en frecuencia modulada y televisión, típicamente en la región de frecuencias entre cien y mil megahertz (un megahertz equivale a un millón de oscilaciones por segundo). No molestan porque sus ondas llegan débiles, tan tenues que para estudiarlas los astrónomos han construido antenas parabólicas miles de veces mayores en superficie que las que se usan para televisión. Son los radiotelescopios, el más famoso de los cuales se encuentra en Arecibo, Puerto Rico, y parece un estadio de fútbol, con sus más de 300 metros de diámetro.

Los púlsares son objetos fascinantes de enorme densidad, mil millones de millones de veces mayor que la del agua. Si llenáramos una piscina olímpica con algunas camionadas de pulsar, pesaría como los siete océanos que cubren gran parte de nuestro planeta. Sólo que el fondo de la piscina no soportaría este tremendo peso (ni el camión que lo transportó, desde luego) y la materia del pulsar entraría en la Tierra, pasaría por su centro como cuchillo caliente sobre la mantequilla, y seguiría de largo para emerger apenas al otro extremo ¡para sorpresa de los chinos!

Tienen masa como el Sol, concentrada en una esfera cuyo diámetro no supera los treinta kilómetros, el ancho de cualquier gran ciudad. El agujero negro de igual masa tendría que tener menos de un quinto de ese diámetro, por lo que ciertamente no se trata de agujeros negros. Corresponden más bien a una compacta masa de neutrones, como un gigantesco núcleo atómico, con los espines alineados de forma que los diminutos campos magnéticos que producen se suman a valores inmensos en la superficie del púlsar. Al girar, el campo magnético cambia en el espacio, lo que genera radiación electromagnética que vemos entonces oscilar gracias a que los polos magnéticos no coinciden con el eje de rotación del objeto. Nos parece entonces el destellar de un faro cósmico. Los púlsares típicamente dan entre una y mil vueltas cada segundo. Los vemos cuando los polos magnéticos están en línea con la Tierra, una vez cada vuelta.

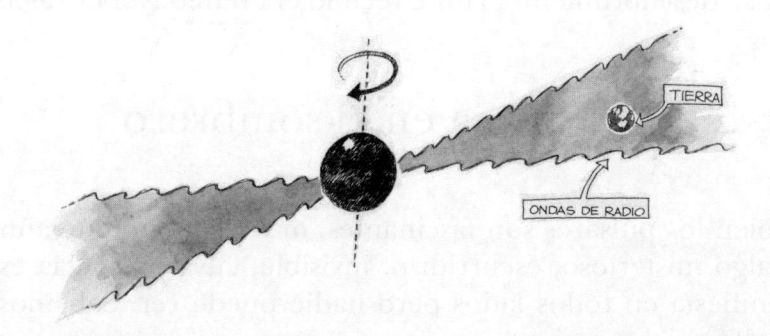

Giran con tal regularidad que el período del pulsar PSR 1913+16 se conoce con la precisión de los mejores relojes atómicos: una parte en cien billones (el valor exacto y el medido no se diferencian, según quienes lo han medido, en mayor medida que los números 0,9999999999999 y 1,0000000000000).

Este ejemplar tiene una historia propia que vale la pena mencionar. Descubierto el 2 de julio de 1974 por Russell A. Hulse mientras hurgaba el cielo como parte de su tesis de doctorado, PSR 1913+16 gira sobre su eje casi 19 veces (18,87) cada segundo. Fue uno entre cuarenta púlsares que este joven astrónomo había descubierto, más que suficientes para recibir su grado de la Universidad de Massachusetts. Sin embargo, PSR 1913+16 tenía algo especial que llamó poderosamente su atención: parecía rotar en torno a otro objeto similar. Hulse analizó con cuidado sus datos y llegó a la conclusión que en realidad se trataba de una pareja de cuerpos pequeños y muy masivos, girando uno alrededor del otro. Aunque el análisis original de las órbitas fue meramente newtoniano, la cercanía entre los cuerpos (un diámetro solar más o menos) y su enorme masa (como la del Sol) hizo después necesario usar la teoría general de la relatividad de Einstein para ajustar los cálculos a los resultados experimentales. El efecto relativista sobre la rotación de la órbita es en este caso decenas de miles de veces más grande que en el caso del planeta Mercurio. Por eso a PSR 1913+16 se le ha llamado un "laboratorio de relatividad" y por su descubrimiento, Hulse recibió el Premio Nobel 1993.

La sorpresa en el sombrero

Si bien los púlsares son fascinantes, más sorprendente aún es algo misterioso, escurridizo, invisible, cuya presencia es manifiesta en todos lados pero nadie puede ver. Sabemos de ello por lo siguiente.

La trayectoria que siguen las galaxias en su orbitar unas en torno de otras, como la nuestra alrededor de Andrómeda M31 (a ciento cuarenta mil kilómetros por hora), sólo se explica si la masa involucrada es unas diez veces mayor que la que se observa. Es decir, si uno incluye en las galaxias todas sus estrellas como el Sol, todos los púlsares y todo lo demás que sabemos que está allí porque lo vemos de una u otra forma, entonces todavía falta el noventa por ciento de la masa que se necesita para que la mecánica estelar funcione como debe. Es como sombrero de mago, que luego de haber sacado todo lo que hay en él, todavía guarda muchas cosas más, sólo que por invisibles ¡ni el mismo mago sabe lo que son!

    El primero que se encontró con esta sorpresa fue, en 1933, Fritz Zwicky, un sujeto algo excéntrico al que nadie tomó muy en serio. Cuarenta años después el curioso resultado se obtuvo nuevamente, esta vez estudiando el movimiento de estrellas y gas en torno al centro de galaxias cercanas a la nuestra. Definitivamente falta materia para explicar movimientos a escalas galácticas. Sea lo que sea, no se ve, no parece emitir ni luz visible, ni infrarroja, ni rayos X, ni ninguna de las otras radiaciones que somos capaces de medir. Por esta razón se la llamó materia oscura. Aunque muy abundante, simplemente no se ve.

    Una anécdota histórica. En las afueras del sistema solar, más allá de los gigantes Júpiter y Saturno, está el planeta Urano, unas cincuenta veces más voluminoso que la Tierra. Fue el séptimo planeta en descubrirse, y su nombre viene de la mitología griega, en la cual Ouranus (ο'υρανόξ) era el Cielo. El hallazgo data de 1781 y se debe a William Herschel, un músico inglés aficionado a la astronomía. Oboísta, organista y profesor de día, Herschel gustaba mirar a lo alto de noche. Como si fuera poco tener el día y la noche ocupadas, encontró tiempo para fabricar sus propios telescopios, más de doscientos según se cuenta. Es un ejemplo de pasión astronómica. El descubrimiento de Urano fue un fenómeno cultural importante en la Europa de fines del siglo XVIII, al punto que a un metal descubierto poco después se le nombró Uranio, en honor al nuevo planeta. Es el mismo uranio radiactivo que luego de dos siglos explotó sobre la ciudad japonesa Hiroshima, y mantuvo en ascuas a toda la humanidad por décadas de competencia armamentista.

Volviendo al planeta Urano, lo que llamó fuertemente la atención luego de su descubrimiento fue que no se movía como todos esperaban, aún si se tomaba en cuenta la presencia del Sol y los demás planetas conocidos entonces. Al suponer que existía otro cuerpo celeste incógnito y aún más lejano, sin embargo, todo se arreglaba.

Fue la materia oscura de la época. Más de sesenta años después del descubrimiento de Urano, en 1845, el estudiante John Adams, en Inglaterra, y Urbain Le Verrier en Francia, hicieron cada uno por su cuenta los largos cálculos necesarios para ubicar el planeta misterio. El inglés, de sólo veinticuatro años, terminó sus cálculos en septiembre de ese año y habló con los astrónomos mayores para que miraran al cielo en la dirección adecuada. Lo tramitaron y en definitiva no le hicieron mayor caso (como al astrónomo turco que habría visto por primera vez el asteroide B 612 de donde, según Saint-Exupéry, provenía el Principito). El francés en cambio, cuando tuvo su resultado final un año después, le dio el dato a su amigo Johann Galle del observatorio de Berlín. Apenas éste recibió la carta miró en la dirección indicada y de un día para otro contestó, *"Señor, el planeta cuya posición Ud. me ha indicado, efectivamente existe"*. Se había descubierto Neptuno. Era el 23 de septiembre de 1846, día de importancia para Francia y de tristeza para los astrónomos ingleses. La anécdota ilustra que en las ciencias no basta saber calcular sino que también hay que saber convencer.

Así, la materia oscura del siglo pasado terminó siendo un planeta más. Qué aburrido, por un lado. ¿Ocurrirá algo similar con la materia oscura del siglo XX? Podría ser una multitud de planetas comunes y corrientes, o estrellas apagadas distribuidas por todos lados. Podrían ser también partículas elementales sueltas, como neutrinos si éstos al final tuviesen masa, muchas de ellas, viajando en todas direcciones en el Universo, como aves en migración. Podrían ser muchas cosas de entre las conocidas, y también podría ser algo enteramente nuevo, lo que algunos deseamos secretamente.

Sea lo que sea, qué es esta materia y por qué no la vemos es uno de los grandes misterios del presente y quien lo descubra ¡tiene el Nobel asegurado!

Nace una estrella

¿Cómo se explica tanta diversidad en el cielo? Estrellas de neutrones, púlsares, agujeros negros, soles, ¿qué tienen en común? Aunque suene extraordinario, esta variedad de objetos son todos fruto de los mismos aconteceres, sólo que vistos en diferentes momentos de su evolución. El cielo es como una ciudad llena de gentes de diferentes edades: unos en gestación otros ya nacidos, unos grandes otros pequeños, unos viejos otros jóvenes. Hasta con sus difuntos.

Cada año nacen unas diez estrellas en nuestra galaxia. Surgen de grandes acumulaciones de hidrógeno, millones de veces más extendidas que nuestro Sol. La fuerza de gravedad acerca a los hidrógenos hacia el centro de la gran nube, haciéndola más y más densa. De la misma manera que una manzana que soltamos aumenta su velocidad al acercarse al suelo, los hidrógenos se aceleran cada vez más a medida que se acercan, y chocan con mayor violencia. Llega un punto en que sus velocidades son tan grandes que el protón de un núcleo de hidrógeno logra vencer la repulsión eléctrica del núcleo que impacta, fusionándose con él y otros más hasta formar un núcleo estable de helio. La fusión es posible gracias a la fuerza fuerte que comienza a actuar cuando los protones están muy cerca. El núcleo de helio tiene menos masa que la suma de los dos protones y dos neutrones que lo forman; la diferencia se manifiesta en forma de velocidad de lo que queda al final, o en otras palabras, de temperatura y presión del gas en el interior de la estrella en formación. La fusión requiere unos trece millones de grados de temperatura a una densidad cien veces la del agua, ambas producidas por el acercamiento gravitacional, y mantenidas constantes por la acción simultánea de la fuerza gravitacional y las mismas reacciones nucleares. Cuando ocurre, ¡ha nacido una estrella!

¿Otro sol? Depende. Depende de la masa original con que todo empezó para este objeto. Si es muy grande, mayor que cien veces la del Sol, la densidad y atracción gravitacional llegan a ser tan enormes que la contracción continúa y continúa hasta que se forma una estrella de neutrones o un agujero negro. Si es menor a un décimo de la masa solar la fusión nunca se alcanza y la que pudo ser estrella no se enciende jamás.

Si se ha formado un sol, entonces también podemos hablar de una vida, una infancia, madurez, y final... Mientras vive, se mantiene encendido transformando hidrógeno en helio incansablemente. La presión expansiva que esto produce mantiene a la estrella erguida, de volumen constante como vemos el Sol, a pesar de la inmensa atracción gravitacional que tiende a achicarla cada vez más. Es un equilibrio confortable, en que el empuje hacia adentro de la gravedad es compensado por el empuje hacia afuera que producen las reacciones nucleares.

El final

Cuando ya ha consumido un diez por ciento del hidrógeno original, la estrella empieza a tener los achaques de la vejez, ¡en forma harto prematura! Su centro se empieza a contraer y su exterior, a expandir. Con la expansión el gas se enfría, pierde algo de su brillo y la estrella se convierte en una gigante roja (recordemos que el rojo lo emiten los cuerpos más fríos). Con la compresión, el centro se hace más denso y los núcleos de helio ahora se funden formando carbono y otros núcleos más pesados, hasta llegar al hierro (26 protones), que ya no cambia más. Como no hay entonces reacciones ni liberación de energía, nada compensa el empuje gravitacional y se produce la contracción final.

¿Qué pasa después? Depende. Depende nuevamente de la masa original. Por debajo de unas ocho masas solares, el objeto de hierro termina su contracción, se enfría y queda inerte en el espacio. A este fósil se le llama "enana blanca". Cuando ésta ya ha consumido absolutamente todo su combustible nuclear, pasa a ser un cuerpo invisible en el espacio, una enana negra.

Por encima de ocho masas solares en cambio, la contracción continúa más allá de la enana blanca gracias a la gravedad, en un proceso acelerado que termina con una fenomenal explosión, la supernova. Cantidades de materia, incluyendo elementos pesados que se formaron mientras el centro de la estrella se achicaba, son expulsados al espacio.

Eventos como éste se detectan con frecuencia en el cielo mediante telescopios, aunque unos pocos de ellos se han visto a simple vista. Los antiguos chinos los llamaban "estrellas visitantes". Famosas supernovas en nuestra galaxia han sido las descubiertas por los chinos el 4 de julio del 1054, por Tycho Brahe en 1572, por Johannes Kepler en 1604, y en el Observatorio de Las Campanas, en Chile, el 24 de febrero de 1987. Visibles a simple vista hasta por algunas semanas, su resplandor en todos estos casos fue disminuyendo paulatinamente hasta quedar sólo al alcance de los telescopios. La luminosidad inicial llega al equivalente de cien mil millones de estrellas juntas, una galaxia completa. Sin embargo, nótese que la mayoría de la energía (el 99 por ciento) no se emite como luz sino como neutrinos.

Se piensa que el fósil de una supernova es generalmente una estrella de neutrones. Un púlsar en el centro de la Nebulosa del Cangrejo hoy se identifica con el núcleo de la supernova de 1054. Sin embargo, si la masa es superior a unas tres masas solares, la contracción continúa y continúa formándose ese sorprendente objeto que es el agujero negro, del cual ni la luz escapa.

¿Y nuestro Sol? Bueno, correrá la misma suerte. En unos miles de millones de años más su cubierta gaseosa se empezará a agrandar y agrandar, hasta que los gases calientes nos envuelvan, mucho tiempo después que los hielos polares se derritieron y los océanos se evaporaron. En su camino hacia la gigante roja, mientras el centro del Sol se metamorfosea en una probable enana blanca, la vida en el planeta, en su forma actual ya no será posible. Hay tiempo para reaccionar, desde luego, pero es difícil aventurar si nuestros tatara-tatara-tatara...(cien millones de veces)...nietos no habrán tenido más remedio que mudarse de estrella para sobrevivir...

BIBLIOGRAFIA

Para quien desee leer más acerca de los temas tratados en este libro se recomienda la siguiente literatura:

American Scientist (P. O. Box 13975, N. C. 27709, USA). Revista de actualidad científica publicada por la sociedad Sigma Xi. Amena, bien ilustrada, fácil de leer, informa sobre las diversas ramas de la ciencia.

ASIMOV, ISAAC, *La Medición del Universo* (Plaza & Janes S. A., Barcelona, 1984). Trata de la enorme diversidad de magnitudes que se encuentra en el Universo. Ayuda a percibir la diferencia entre lo pequeño y lo grande, paso a paso, recorriendo cada tamaño y describiendo lo que hay en él.

BECKMANN, PETR, *"A history of pi"* (St. Martin's Press, New York, 1971). Las historias de la física y de las matemáticas están íntimamente vinculadas. Este es un ameno recorrido de los siglos bajo la temática del número pi, un número irracional que fascinó a todas las culturas desde los albores de la ciencia hasta los tiempos modernos. Recomendado a quienes tengan motivación por la historia de las ideas y de las curiosidades científicas.

DAVIES, P. C. W. and J. BROWN, *Superstrings: a Theory of Everything?* (Cambridge University Press, Cambridge, 1988). Contiene una introducción a la teoría de las cuerdas y una serie de entrevistas muy ilustrativas a los creadores de la teoría y otros físicos de la época, incluidos Edward Witten, Michael Green, Richard Feynman y otros.

EINSTEIN, ALBERT, *Relativity* (Crown Publishers, Inc., New York, 1961). La edición original de esta obra data de 1916. En ella Einstein intenta explicar sus teorías especial y general de la relatividad utilizando un mínimo de matemáticas. Texto de gran valor histórico y de utilidad a quien desee adentrarse en el tema.

EINSTEIN, ALBERT, e INFELD, LEOPOLD, *La Física, Aventura del Pensamiento* (Editorial Losada, Buenos Aires, 1939) Como dicen los autores, este libro busca "describir a grandes rasgos las tentativas de la mente humana para encontrar una conexión entre el mundo de las ideas y el mundo de los fenómenos". Su énfasis es la mecánica, incluida la física de los cuantos. Recomendable a quienes deseen adentrarse en el tema sin temor a tener que detenerse a pensar en el proceso.

FEYNMAN, RICHARD P., LEIGHTON, ROBERT B., SAND, MATHEW, *Lectures on Physics* (Addison-Wesley, 1964), tres volúmenes. Transcripción a texto del legendario curso de física de Richard Feynman. Premio Nobel 1965 por sus contribuciones a la electrodinámica cuántica, Feynman es uno de los autores más apreciados por su originalidad para presentar las ideas, su autoridad en la física, y su estilo. Trata de la física completa a un nivel básico, incluyendo temas de la física moderna. Supone un conocimiento matemático intermedio, que incluya el cálculo diferencial e integral. Traducido al español.

GLEICK, JAMES, *Caos* (Seix Barral, Barcelona, 1988). Ameno relato del origen y posterior desarrollo de la teoría del caos. Fácil de leer, incursiona en la pretendida universalidad del tema, cubriendo desde las consecuencias climáticas a las aplicaciones médicas.

HAWKING, STEPHEN, *Historia del Tiempo: del Big Bang a los agujeros negros* (Grijalbo, Ed. Crítica, Barcelona, 1988). Trata importantes temas de la física teórica moderna desde una perspectiva cosmológica. Bien escrito aunque a veces algo técnico y difícil de leer. Además de describir su tema, el autor hace alcances filosóficos de interés.

Investigación y Ciencia (Edición española de *Scientific American*) (Prensa Científica, S. A., Barcelona). Revista mensual que trata temas de las diversas ciencias a nivel no especializado. Los artículos son en general excelentes, abundantes en material histórico y bien actualizados.

KRAUSS, LAWRENCE M., *Miedo a la Física: una guía para perplejos* (Editorial Andrés Bello, Santiago de Chile, 1995) Los temas de la física moderna son abordados desde la perspectiva de un físico de partículas. Ameno y fácil de leer, aunque a ratos algo técnico. Es un buen complemento a otras lecturas.

LEDERMAN, LEON, *The God Particle: if the Universe is the answer, what is the question?* (Houghton Mifflin Co., New York, 1993) El autor es un autorizado físico experimental, Premio Nobel 1988. Libro muy ameno, repleto de anécdotas, veraz en lo informativo. Mucho sentido del humor. El énfasis está en la física subatómica, la de lo más pequeño.

LIGHTMAN, ALAN, *Time for the Stars: astronomy in 1990's* (Viking Penguin, New York, 1992). Uno de una serie de libros del mismo autor acerca de los grandes temas de astrofísica. Es una corta descripción del cosmos según la visión presente, con un énfasis en la parte observacional y la instrumentación.

PAIS, ABRAHAM, *Niels Bohr's Times: in Physics, Philosophy and Polity* (Clarendon Press, Oxford, 1991). Excelente y bien documentada historia de los orígenes, desarrollo y consecuencias de la teoría moderna del átomo. Quien desee conocer los detalles de la historia debe consultar este libro.

PAIS, ABRAHAM, *Subtle is the Lord...: The Science and the Life of Albert Einstein* (Oxford University Press, Oxford, 1982). Una recomendable biografía del más célebre físico del siglo XX. Repleta de citas textuales y anécdotas, contiene además una explicación de las teorías más importantes de Einstein. Si bien usa a veces lenguaje técnico, este libro es de gran utilidad a quien se interese por la vida y el pensamiento de Einstein.

PRIGOGINE, ILYA, y STENGERS, ISABELLE, *Order Out of Chaos: Man's Dialoque with Nature* (Bantam Books, Inc., New York, 1984). Escrito por el Premio Nobel en Química 1977 en colaboración con una filósofa, este libro relata en forma seria la gestación de las ideas modernas sobre sistemas complejos, fuera del equilibrio, caóticos, etc. Contiene material histórico y alcances filosóficos.

SAGAN, CARL, *Cosmos: una evolución cósmica de quince mil millones de años que ha transformado la materia en vida y consciencia* (Planeta, Barcelona, 1980) Libro basado en una serie para la televisión, es enteramente legible por quien no domina el lenguaje de las matemáticas. Aunque bastante general, trata diversos temas científicos desde la perspectiva del astrónomo. Abundante documentación histórica.

Serie *Aguilar Universal/Ciencias* (Aguilar, S. A. de Ediciones). Excelente serie de divulgación acerca de diversos temas científicos, abundante en anécdotas históricas e ilustraciones a color de gran interés y calidad. Destacamos los títulos "Galileo, mensajero de las estrellas" (Jean-Pierre Maury), "Newton, el padre de la astronomía moderna" (Jean-Pierre Maury), "El nacimiento del Universo: el Big Bang y después" (Trinh Xuan Thuan)

SERWAY, RAYMOND A., *Física* (McGraw-Hill, México, 1992) Excelente texto de toda la física básica. Su gran mérito es haber incluido la física más reciente a sus contenidos. Util a quien desee estudiar física seriamente en un primer nivel.

WEINBERG, STEVEN, *The First Three Minutes: A Modern View of the Origin of the Universe*. Escrito por un gran divulgador, el Premio Nobel 1979 nos relata los orígenes del Universo, desde lo más cerca que hemos podido llegar al momento primero. Ameno y completo, delata a veces que lo escribe un físico teórico de partículas elementales. Traducido al español.

WEINBERG, STEVEN, *Dreams of a Final Theory: The Scientist's Search for the Ultimate Laws of Nature* (Vintage Books, sucursal de Random House, Inc., New York, 1992). Este libro es una incursión en el interesante tema del fin de la física. ¿Será ésta completada algún día? ¿Es posible una teoría final del Universo? De amena lectura, es recomendable a quienes se interesen por conocer los trasfondos del pensamiento científico. Informativo en cuanto a lo que la física ha logrado hasta hoy, desde la perspectiva de un reduccionista confeso.

INDICE DE AUTORES Y TEMATICO

Adams, John 192
agua, transición de fase del 163-165
agujero negro 184, 195
aislador eléctrico 153
alambre cuántico 166
alfa, partícula 117
    carga de la 122
    emisiones 125
Alfa-Centauro 182
Almagest 22
Ampère, André-Marie (francés, 1775-1836) 92
Anderson, Carl (USA, 1905-1991) 50
Andrómeda 190
antena
    átomo como 136
    onda electromagnética y 97
    parabólica 188
anticolor 103
antipartículas 48
año-luz 182-183
Arecibo, telescopio de 188
Aristarco de Samos (griego, c. 270 a. de C.) 21
Artemisa 27
astronomía 179
    origen de la 18-23
atmósfera
    electricidad en la 86
    ligada a la Tierra 165
átomo
    de Demócrito 40-41, 111
    como pequeña antena 136
    composición del 41
    estabilidad del 136
    modelo de Bohr 134
    modelo de Thomson 122
atractor 170
    estabilidad del 171
    extraño 172

Baade, Walter 128
Bardeen, John 161
bariones 113
Bartolomeo el inglés 91
Becquerel, Henri (francés, 1852-1908) 117-118
Bednorz, Georg 160
Bell, Jocelyn 188
benceno 95
Besso, Michele Angelo 68
biblioteca de Alejandría 21
bismuto 125
Blandot, René 118
Bloch, Félix (suizo, 1905-1983) 154
Bohr, Niels (danés, 1885-1962)
    modelo de átomo de 134
    y mecánica cuántica 140
Bose, Styendra Nath (hindú, 1894-1974) 47
Bose-Einstein, estadística de 162
bosones 162
    de gauge 47
botón (bottom) 44
    masa del 69
Brahe, Tycho (danés, 1546-1601) 195
Broglie, Louis de (francés, 1892-1987) 137-139
Bruno, Giordano 26
Byers, Eben 119

calendario 20
calor
    como energía de movimiento 74-76
    electricidad y 157-158
    forma de energía 74-75

transformación de fase y 164
campo
   concepto de 90
   eléctrico, magnético 95
   cantidad de movimiento 106-107
caos 173-175
carbono
   fechado por 127
   sesenta 150-151
carga eléctrica 30
   campo eléctrico y 90
   conservación de la 58
   corriente eléctrica y 91
   de antimateria 50
   del electrón 112
   en átomos 86
   en la atmósfera 86
   fotón y 47
   fuerza eléctrica y 88-89
   radiación y 94-95
Carnot, Lazare Nicolas Marguerite (francés, 1753-1823) 90
Carroll, Lewis (inglés, 1832-1898) 42
Cauchy, Augustin-Louis (francés, 1789-1857) 90
célula, efecto de radiación 128
CERN 74
Chadwick, James (inglés, 1891-1974) 123
Chamberlain, Owen 51
cloruro de sodio, *ver* sal común
cobalto 128-129
color 45, 103
computadores en astronomía 179
conductor eléctrico 152
conservación de
   cantidad de movimiento 106
   carga eléctrica 106
   energía 105-106
constelaciones 20
contracción de longitudes 76
Cooper, Leon
   pares de 161
Copérnico, *ver* Nicolaus Koperlingk de Thorn
corriente eléctrica
   en la atmósfera 86
   fuerza causada por 92
   magnetismo y 91
   variación del campo magnético y 96
Coulomb, Charles (francés, 1736-1806) 88
   ley de 88-89, 100
cristales 151-152
cromodinámica cuántica 104
cuanto
   de energía 140
   de luz 99
cuarcs 41, 43-45
   anti- 48
   color 45, 103
   fuerza que une los 47, 102-104
   origen del término 43
   sabor 44
cuásar 183-185
cuerdas 55-57, 137
   armónicos 56
   teoría de 55
Curie, María 117, 120
Cygnus X-1 27

decaimiento nuclear 115
   beta 46
Demócrito de Abdera (Grecia, c. 460-370 a. de C.) 40-41, 111
diamante 150
dilatación del tiempo 76
Dirac, Paul (inglés, 1902-1984)
   antimateria y 48-50
   ecuación de 49
   monopolo 52

efecto
   fotoeléctrico 98-99, 137
   Hall cuántico 168
   mariposa 174
Einstein, Albert (alemán, nacionalizado suizo y luego norteamericano, 1879-1955) 34
   efecto fotoeléctrico y 98, 137
   invención y 68
   masa y energía, equivalencia entre 48, 74
   mecánica cuántica y 141
   Premio Nobel cita 98
   simplicidad y 23
   teoría de gravitación de 77-84
   teoría de la relatividad de 60, 74-77, 184, 190
Elcano, Juan Sebastián 25
electricidad
   calor y 157
   movimiento de cargas 91
electrodinámica cuántica 99

INDICE DE AUTORES Y TEMATICO

electromagnetismo 89, 94
electrón
 anti- 50
 carga eléctrica del 112
 como leptón 45
 descubrimiento del 45
 masa del 43, 45
 origen del término 45
encanto 113
energía
 calor y 74, 75
 conservación de la 105
 cuanto de 140
 de cuásar 184
 eléctrica 124
 interna 149
 masa y 48, 74
 mínima, principio de 148
 negativa 49
 pares de Cooper y 162
 solar 187
Epicuro (341 a. de C.-270 a. de C.) 111
equilibrio
 en sol 194
 en poblaciones 175
Eratóstenes (c. 276-c. 194 a. de C.) 21
espacio-tiempo 82, 83
espectro de radiación electromagnética 187
estados cuánticos 147
estrellas
 de neutrones 194, 195
 enana blanca 195
 enana negra 195
 evolución de las 193-196
 formación de las 193
 gigante roja 194
 número de 179-180
espín 93
 principio de exclusión y 147
excitón 155-156
exponencial, ley de variación 116, 174,

Faraday, Michael (inglés, 1791-1867) 95
 concepto de campo 90
 campos variables y 96
fase, cambios de 163
Fermi, Enrico (italiano, 1901-1954) 54
 y fuerza débil 108
Feinberg, Gerald 74
Fischbach, Ephraim 109
fisión nuclear 124-125

flor, número de electrones en 36
fluorescente
 átomo 97
 tubo 148
Fokker, Adriaan (holandés, 1887-1968) 79
fonón 157
fotino 53
fotón
 corpúsculo de luz 98-99
 mensajero de fuerza eléctrica 47
 masa del 72, 74, 80
frecuencia
 en cuerda vibrante 138
 de luz visible 97
 de ondas de radio 188
 y energía 139
fuerza
 débil 107
 de Coulomb 88-89
 eléctrica 87
 electrodébil 108
 entre átomos 144-146, 153-154
 entre corrientes 92
 fuerte 101-105, 107
 gravitacional 64
 gravitelectrofuerdébil 109
 quinta 109
fusión nuclear 193

galaxias
 descubrimiento de las 180
 estrellas en 180
Galilei, Galileo (italiano, 1564-1642) 26, 83, 177, 179
 telescopio de 177
 y torre de Pisa 83
Galeno (griego, c. 130-c. 200) 120
Galle, Johann 192
Galois, Evariste (francés, 1811-1832) 90
Gamow, George (ukraniano, nacionalizado en USA, 1904-1968) 46
Gauss, Karl Friedrich (alemán, 1777-1855) 90
Gell-Mann, Murray (USA) 43
Génesis 25
Gladstone, Mr. 96
gomones (gluones) 43
gravedad
 fuerza de 65, 68
 teoría cuántica de la 100
 y fuerza eléctrica 89

gravetodinámica cuántica 100
gravitón 47, 55, 101
  existencia del 52
Gutenberg, Johann (alemán, c. 1398-1468) 25

Hahn, Otto (alemán, 1879-1968) 123
Hall, Edwin 168
Heisenberg, Werner (alemán, 1901-1976)
  principio de incertidumbre de 132-133
  y antimateria 48-49
helio, núcleo de 101, 194
Hertz, Heinrich (alemán, 1857-1894) 98, 188
Herschel, William 191
Hewish, Anthony 188
hielo 163
hierro 194
  magnetismo del 91, 93
Higgs, Peter 51
  partícula 51-52
Hubble, Edwin (USA, 1889-1953) 178, 180
Hulse, Russell A. 190

imán, modelo de Ampère 92-93
incertidumbre
  cuántica 169
  principio de 133-137
  vibración atómica y 157
iones 86
ípsilon, descubrimiento del 113
isótopos 126
itrio radioactivo 129

Janssen, Zacharias 143
Joule, James (inglés, 1818-1889) 74
Joyce, James (irlandés, 1882-1941) 44
Júpiter, lunas de 177

Kaluza, Theodor (alemán) 89
Kaluza-Klein, teorías de 90
Kamerlingh-Onnes, Heike (holandés, 1853-1926) 158
kaón 114
Kasner, Edward 181
Kelvin, William Thomson (inglés, 1824-1907) 34
Kepler, Johannes (alemán, 1571-1630) 195

Klein, Oskar (sueco, 1894-1977) 89
Klitzing, Klaus von 167-168
Koperlingk de Thorn, Nicolaus (polaco, 1473-1543) 22-25

Landau, Lev (ruso, 1908-1968) 50
Laplace, Pierre Simon (francés, 1749-1827) 34, 184
láser 138, 149-150
Lederman, Len 32, 51, 113
Leo, constelación de 20
leptones 45
Leverrier, Urbain Jean Joseph (francés, 1811-1877) 78
leyes de Newton 77
Ley-Koo, Eugenio 114
Lorentz, Hendrik Antoon (holandés, 1853-1928) 73
luciérnaga 29
luz
  como onda electromagnética 29, 97
  cuanto de 99
  desviación gravitacional 79-82
  emisión de 136
  velocidad de la 48, 185-186
  visible 97, 149, 152, 154, 187, 188

magnetismo, origen del 91-94
mareas 66
masa
  de la luz 79
  del electrón 43, 45
  del neutrino 70-71
  en reposo 73
  en movimiento 73
  energía y 48, 74
matemáticas
  como lenguaje 32, 36
mariposa, efecto 174
materia oscura
  en el Universo 70, 190-193
  en siglo pasado 191-192
Maxwell, James Clerk (escocés, 1831-1879)
  ecuaciones de 60, 97, 138
  teoría electromagnética 60
mecánica cuántica 140
Mercurio 182
  anomalía en la órbita 78
mercurio, superconductividad del 159
mesones 114
metal 152

fuerza de unión 153-154
microondas 97, 188
microscopio de efecto túnel 143
Mitchell, John 184
modelo estándar 114
modo fundamental 139
molécula
    de cloruro de sodio (sal común) 146
    de hidrógeno 144-145
momentum (*ver* cantidad de movimiento)
Monge, Gaspard (francés, 1746-1818) 90
monopolo magnético 52
Müller, Karl 160
muón 46

neptunio 125
Neptuno, descubrimiento de 191-192
Neruda, Pablo 36, 121
neutralidad eléctrica 46, 85, 87, 88, 117, 125
neutrino 64, 130
    del electrón, muón y tauón 46
    en radiación cósmica 70, 130
    masa del 69-71
    origen del nombre 46
    predicción del 46, 107
neutrón
    decaimiento del 105-107
    descubrimiento del 123
    vida media del 105
Newton, Isaac (inglés, 1642-1727) 33
    leyes de 71
    mecánica de 60, 77
    teoría de gravitación de 64-68
    teoría de la luz 98
    Universo mecanicista de 33-34
niveles explicativos 35-38
Nobel, Alfred Bernhard (sueco, 1833-1896) 115
nobelio 115-116
Noether, Emmy (alemana, 1882-1935) 58
núcleo atómico
    descubrimiento del 123
    fisión del 124-125
    tamaño del 41
número bariónico 113
números cuánticos 113

Oersted, Hans Christian (danés, 1777-1851) 91
ondas
    de sonido 138
    de materia 137
    electromagnéticas 29, 97, 98, 99, 136, 188
partículas
    anti- 48
    de Higgs 51-52
    W, Z 47
Pauli, Wolfgang (austríaco, 1900-1958)
    predicción del neutrino 46, 107
    principio de exclusión de 147
    y la mecánica cuántica 140
pión (mesón pi) 102-103, 114
planetas
    órbitas posibles 71-72
    origen del término 146
plasma 165-166
plomo 117, 125
plutonio 115, 129
polonio 117, 125, 148
positrón
    antipartícula del electrón 50, 51
    aniquilación con electrón 52
    carga eléctrica del 112
positronium 114
    vida media del 115
pozo cuántico 166
premio Nobel 115
Principia, (Newton) 65
principio
    de exclusión de Pauli 147
    de mínima energía 148
principito, el 180, 192
probabilidad
    concepto de 131
    en lo pequeño 133-135
protón
    anti- 51
    carga eléctrica del 88
    constituyente del núcleo atómico 41
    partícula compuesta 45
púlsar 188-190
    campo magnético del 189
    frecuencia de giro 189
    PSR 1913+16 189-190
punto cuántico 166
Ptolemaeus, Claudius (griego, *c.* siglo II) 22

teoría planetaria 24
Ptolomeo (*ver* Ptolemaeus, Claudius)

quark (*ver* cuarc)

radiación
   coherente 150
   cósmica 54, 130
   y temperatura 187
   electromagnética 187
   láser 149
   solar 187
radio
   descubrimiento del 117
   fisión del 125, 127
radón 119, 125
radiactividad 117-120
   ambiental 129
   fisión nuclear y 123
Radithon 118-120
rayos
   alfa 117
   beta, gama, N, X 118
reacciones nucleares
   en cadena 124
   en el interior de las estrellas 193
reduccionismo 33-35
relatividad, teoría de la 74-77
   aumento de la masa 73
   confirmación de la 79-82
   contracción de longitudes 76
   curvatura del espacio-tiempo 82
   dilatación del tiempo 76
   especial 74-76
   general 77-84
resistencia eléctrica 158
revolución
   Copernicana 23
   de las comunicaciones 155
   científica de Einstein 80-81
Röntgen, Wilhelm (alemán, 1845-1923) 117
Rutherford, Ernest (inglés, 1871-1937) 122
Rubbia, Carlo 108

Saint-Exupéry, Antoine Marie Roger de (francés, 1900-1944) 180, 192
sal común 86-87, 152
   neutralidad eléctrica de la 87
Salam, Abdus 108
Sánchez, Cristóbal 41, 135

Saturno, anillos de 146
Schrieffer, J. Robert 161
Schwarzschild, Karl (alemán, 1873-1916) 184
Segré, Emilio 51
semiconductores 154-156
silicio 155-156
simetría 58
   leyes de conservación y 58
Simpson, John 70
Sol
   distancia a la Tierra 182
   evolución del 193-196
   potencia de radiación eletromagnética 187
   temperaturas en el 187
solar, sistema 47, 101, 184, 191
Strassman, Fritz (alemán, 1902-1980) 123
superconductividad
   de alta temperatura 160
   en mercurio 159
   teoría de la 161-163
supernova 195

taquiones 74
tauón 46
telescopio 177-178
   de Galileo 177
   Hubble 178
   radio- 188
temperatura
   calor y 75
   en el Sol 187
   frecuencia de radiación y 187
   y predicción del clima 173
   y superconductividad 158-161
teoría
   entre las más exactas 99-100
   pruebas a 57, 79
   última 33-35, 60
Thomson, Joseph John (inglés, 1856-1940) 45
   modelo de átomo de 122
tiempo
   espacio y 82, 83
   dilatación de 76
Tierra
   achatamiento de la 67
   primera medición de la circunferencia de la 21
   distancia a la Luna 186

distancia al Sol 182
velocidad de escape desde la 72
Tito Lucrecio 91
topón, descubrimiento del 104-105
tormenta eléctrica 86
Tracy, Dick 91
transiciones de fase 163
transparente 152

Universo
  geocéntrico 21-22
  heliocéntrico 24
  materia oscura en el 70, 191
  neutralidad eléctrica del 85
  sin gravedad 85
  versiones primitivas acerca del 21-26
Updike, John 47
uranio 124
  fisión del 123, 126
  isótopos del 126
  vida media del 126
Urano 191

velocidad de escape
  agujeros negros y 184
  de la Tierra 72

Veneziano, Gabrielle 137
Verrier, Urbain Le 192
Via Láctea 180
  diámetro de la 183
  vibración de la cuerda 56
vida media 116
virus, acción sobre bacterias 168-169
Volta, Alessandro (italiano, 1745-1827) 90
Vulcano 78

Wannier, Gregory (suizo, 1913-1983) 156
Weinberg, Steven 108

X, rayos
  descubrimiento de 117
  frecuencia de los 97

Yukawa, Hideki (japonés, 1907-1981) 102
yodo radiactivo 129

Zwicky, Fritz 188, 191